ubu

TECNODIV

YUK HUI

ERSIDADE

TRADUÇÃO
HUMBERTO DO AMARAL

APRESENTAÇÃO

CONTRA O DERROTISMO EM FACE DA TECNOLOGIA

Ler ou não Yuk Hui pode ser comparado à decisão de tomar a pílula azul ou a pílula vermelha no filme *Matrix* [Lilly e Lana Wachowski, 1999]. Optar por não ler sua obra é escolher a pílula azul: uma bela prisão cognitiva em que permanecemos no conforto da ignorância, enquanto enxergamos a tecnologia como uma força monolítica que avança por si só. Adentrar sua obra, ao contrário, é tomar a pílula vermelha, que nos leva a um futuro incerto, mas, ao mesmo tempo, libertador dos grilhões que a ideia monolítica de tecnologia nos impõe, permitindo aceder a uma forma mais profunda de realidade, certamente mais dura e difícil, porque eivada de responsabilidades.

Em outras palavras, Yuk Hui articula como ninguém uma filosofia da tecnologia libertadora e em essência humanista. Essa visão é especialmente importante no mundo de hoje, sobretudo no Ocidente, onde nosso pensamento foi capturado por concepções sobre tecnologia que são de uma pobreza e de uma miséria enormes. A aceitação crescente da ideia de "singularidade" como orientadora da nossa relação com a tecnologia é um exemplo disso. Por singularidade entenda-se o momento hipotético em que a tecnologia se torna incontrolável e irreversível, fonte de mudanças imprevisíveis na civilização – aquele momento em que a ficção científica prevê a superação do homem pela máquina, que adquire inteligência e consciência de si. A ideia de singularidade é uma distração. Ela pode ser muito útil para a ficção científica e para criar ótimos filmes, mas, como orientadora de políticas públicas e do pensamento relacionado à tecnologia, é um conceito miserável.

Yuk Hui consegue demolir, pedra por pedra, qualquer vestígio dessa ideia que tomou conta do pensamento ocidental. Ele mostra que o que chamamos "tecnologia" não é um absoluto, um fenômeno único ou universal; diferentes sociedades e comunidades políticas podem ter manifestações completamente distintas dela. Nesse sentido, é muito mais realista trabalhar com o conceito de "multiplicidade" do que de "singularidade". Afinal, além de preservar um ponto cego no pensamento sobre a tecnologia, essa concepção de singularidade é uma ferramenta política: se a tecnologia é um universal, que forças definem sua construção e disseminação? Nesse sentido, quem molda a tecnologia como universal assume uma postura de dominação, submetendo o mundo a sua cosmovisão. Yuk Hui mostra como ninguém os limites dessa estratégia. Na conversa que tivemos na Universidade Federal do Rio de Janeiro e no Instituto de Tecnologia e Sociedade em 2019, ele falou sobre quanto seria "confortável" se a tecnologia funcionasse como uma força independente e superior à natureza, como os proponentes da singularidade parecem defender. Seria o mesmo conforto da pílula azul de *Matrix*.

No entanto, a tecnologia não tem nenhuma capacidade de transcendência *sobre* a natureza, ela *faz parte* da natureza e do "cosmos". Seria uma cegueira infeliz pensar de outra forma. Yuk Hui gosta de citar D.H. Lawrence para exemplificar esse fato: "Quando ouço pessoas reclamarem de estar sozinhas, então sei o que aconteceu. Elas perderam o cosmos". Da mesma forma que a solidão, a confiança na tecnologia divorciada do humanismo pode ser também uma forma de perda do cosmos.

É contra essa interposição da tecnologia entre a humanidade e o cosmos que Yuk Hui se insurge.

Não surpreende, portanto, que Hui tenha nascido em Hong Kong. Entre os muitos papéis que a China tem desempenhado, alguns são inconspícuos. O país vem se tornando uma potência de imaginação. Hoje, por exemplo, produz, na minha opinião, a melhor ficção científica do planeta, na voz de autores como Liu Cixin ou autoras como Xia Jia e Hao Jingfang. Isso é importante porque, como dizia Jules Michelet, "cada época sonha com a que virá a seguir, criando-a primeiro em sonhos". Quem sonha melhor é também mais capaz de projetar melhor o futuro.

Mais do que o sonho, Yuk Hui traz uma das visões mais originais e poderosas sobre como pensar a tecnologia com base em uma perspectiva plural, que inclui tanto o Ocidente quanto o Oriente. No seu livro *The Question Concerning Technology in China: An Essay in Cosmotechnics*, ele faz um apanhado impressionante de como os pensamentos ocidental e oriental trataram a questão da "tecnologia", mostrando que o conceito "tecnologia" tal como formulado no Ocidente nem sequer pode ser visto na história do pensamento chinês, evidenciando as falhas de se pensar a tecnologia como um universal.

Muitos acreditaram que a tecnologia seria capaz de fazer nossa capacidade de agir coletivamente avançar, levando ao progresso da cultura, da democracia, da política ou do pensamento científico – em outras palavras, à expansão dos valores ocidentais pelo planeta. Mas essa visão otimista, que via a tecnologia como uma força universal e objetiva, não se concretizou. Nos últimos anos, houve uma guinada de percepção sobre o papel da tecnologia, bem detectada como premissa por Yuk Hui. A tecnologia vem se mostrando uma força de atomização, que dissolve o coletivo em individualidades cada vez menores e particulares. Uma força que pode ser capturada por interesses específicos, bem financiados e organizados. O que nos leva à incômoda questão: pode um "universal" ser privatizado? Se sim, certamente não é um universal. Em face dos desdobramentos distópicos recentes da tecnologia, é preciso descartar com urgência essa ideia de universal da tecnologia.

Para compreender a tecnologia para além desse universal, Yuk Hui invoca a busca por uma nova cosmologia, que permitiria a construção de um olhar "de fora", que colocasse a técnica em seu devido lugar, qual seja, de apenas mais um entre os elementos da existência. Essa ideia de "cosmotécnica" é libertadora.

O Ocidente, nesse contexto, continua a orientar sua marcha sob a égide do tecnocentrismo. Autores ocidentais, mesmo sagazes, como Danny Hillis, vêm entendendo que a tecnologia provoca um ocaso do humanismo e do Iluminismo (*Enlightenment*), substituindo ambos pelo que Hillis chama de entrelaçamento (*Entanglement*). Nesse "entrelaçamento" estaria surgindo uma nova técnica que assumiria as vezes da natureza e seria incompreensível para a humanidade. Um exemplo seriam as aplicações de inteligência artificial que funcionariam em modelo de "caixa-preta", inacessíveis aos seres humanos, deslocando-os para um papel subalterno à técnica nessa nova cosmotécnica miserável.[1]

Em outras palavras, enquanto um tecnocentrismo como esse prega uma rendição diante da técnica (tal como no caso da singu-

1 Pode-se travar a mesma contenda com Yuval Noah Harari. No livro *Homo Deus*, o autor israelense propugna o fim do humanismo, a ser substituído por imperativos tecnológicos, em linha parecida com as ideias de Hillis. Nesse ponto, creio que o pensamento de Harari seja digno de crítica dada sua visão empobrecida sobre tecnologia. Ele também age aceitando e anunciando essa derrota do homem pela tecnologia.

laridade ou do entrelaçamento), a articulação de Yuk Hui ocorre no sentido oposto, de fuga de qualquer tipo de determinismo.

Faz sentido. As múltiplas crises provocadas pela tecnologia (das *fake news* ao aumento da desigualdade) demandam um pensamento novo sobre essa relação. Nas palavras da cientista americana Donella Meadows, a maneira mais eficaz de interferir em um sistema é modificar o estado mental ou o paradigma a partir do qual esse sistema - seus objetivos, poder, estrutura, regras e cultura - surge. Todas as outras estratégias - mudanças nos objetivos do sistema, nas regras que se aplicam a ele, na sua estrutura ou na forma como evolui - são menos relevantes.

Essa subordinação da natureza à técnica lembra o poema de Richard Brautigan de 1967 chamado "All Watched Over by Machines of Loving Grace" [Tudo observado por máquinas de adorável graça], cuja leitura é um alerta de um futuro indesejável à luz desse novo contexto:

Gosto de pensar (e
quanto antes melhor!)
em um prado cibernético
onde mamíferos e computadores
vivem juntos em harmonia
mutuamente programável
como água pura
que toca o céu claro.

Gosto de pensar
(desde logo, por favor!)
em uma floresta cibernética
repleta de pinheiros e eletrônicos
onde cervos passam em paz

pelos computadores
como se fossem flores
de desabrochar torcido.

Gosto de pensar
(assim há de ser!)
em uma ecologia cibernética
em que estaremos livres do trabalho
e unidos de novo à natureza,
de volta aos mamíferos
nossos irmãos e irmãs
tudo observado por máquinas de adorável graça.[2]

Sem um paradigma e um novo estado mental que permitam sonhar além da tecnologia, a capitulação torna-se mesmo inevitável. Yuk Hui é o artífice desse novo pensamento. Assim como a lua do escritor Campos de Carvalho,[3] hoje o melhor pensamento filosófico sobre tecnologia também vem da Ásia.

RONALDO LEMOS nasceu em 1976 em Araguari, Minas Gerais. Advogado especialista em tecnologia, foi professor da Universidade Columbia, em Nova York, e do Schwarzman College na Universidade de Tsinghua, em Pequim. É cientista-chefe do Instituto de Tecnologia e Sociedade do Rio de Janeiro e diretor do Creative Commons Brasil. Participou da formulação do Marco Civil da

2 Richard Brautigan, *All Watched Over by Machines of Loving Grace*. San Francisco: Communication Company, 1967.

3 Referência ao romance surrealista de Campos de Carvalho, *A lua vem da Ásia*. Rio de Janeiro: José Olympio, 1956. [N. E.]

Internet, lei que regulamenta o uso da Internet no Brasil. É coautor de *A vida em rede* (Campinas: Papirus, 2015) e autor de *Futuros possíveis: Mídia, cultura, sociedade, direitos* (Porto Alegre: Sulina, 2012), além de artigos e colaborações para jornais e revistas.

PREFÁCIO A ESTA EDIÇÃO

Os ensaios que compõem este livro foram publicados independentemente, mas é possível organizá-los sob a mesma rubrica: a da tecnodiversidade, noção que venho desenvolvendo desde minha segunda monografia, *The Question Concerning Technology in China: An Essay in Cosmotechnics* [A questão da técnica na China: Um ensaio sobre a cosmotécnica] (2016-19), e com a qual continuo trabalhando. Uma investigação sobre a tecnodiversidade propõe rearticular a questão da tecnologia; em vez de entendê-la como um universo antropológico, precisaremos *redescobrir* uma multiplicidade de cosmotécnicas e reconstruir suas histórias para projetarmos no Antropoceno as possibilidades que nelas estão adormecidas.

O historiador britânico Arnold Toynbee levantou uma pergunta interessante nas *Reith Lectures* [Palestras Reith] da BBC: por que os chineses e os japoneses rejeitaram os europeus no século XVI, mas aceitaram que eles entrassem em seu país no século XIX? Sua resposta foi que, no século XVI, o objetivo dos europeus era exportar tanto sua religião quanto sua tecnologia para a Ásia, mas, no século XIX, eles entenderam que seria mais eficiente exportar a tecnologia sem a cristandade. Os países asiáticos aceitaram sem resistência a ideia de que a tecnologia era algo não essencial e de caráter instrumental, de que seus cidadãos eram "usuários" capazes de decidir como utilizar essas novas ferramentas. Toynbee continua e afirma que "a tecnologia opera na superfície da vida e, por isso, parece possível adotar uma tecnologia estrangeira sem pôr em risco a possibilidade de reivindicar a titularidade de nossa alma. Essa noção de que, ao adotar uma tecnologia estrangeira, nos sujeitamos apenas a uma pequena dependência pode, é claro, ser um engano". O que Toynbee diz é que a tecnologia em si mesma não é neutra, carrega formas particulares de conhecimentos e práticas que se impõem aos usuários, os quais, por sua vez, se veem obrigados a aceitá-las. Alguém que desconsidere essas dinâmicas e subestime a tecnologia como manifestação meramente instrumental acabará adotando uma abordagem dualista. Essa falha de interpretação, esse engano, se tornou uma verdade necessária no século XX.

No século passado, as tecnologias modernas se espalharam pela superfície da Terra e, ao convergirem, deram corpo a uma noosfera no sentido dado ao termo por Pierre Teilhard de Chardin; a competição tecnológica definiu a geopolítica e a história. A vitória japonesa sobre a Rússia na Guerra Russo-Japonesa (1904-05) levou à lamentação formulada pelo pensador reacionário alemão Oswald Spengler de que o maior erro cometido pelos brancos na virada do século foi ter exportado suas tecnologias para o Oriente – o Japão, de início um estudante, agora se tornava professor. Essa "consciência tecnológica" persistiu ao longo do século XX e foi marcada pela bomba atômica, pela exploração espacial, e hoje se manifesta na inteligência artificial. Recentemente, alguns comentadores declararam que havíamos entrado em uma *nova era axial* inaugurada por um desenvolvimento tecnológico mais equilibrado – em outras palavras, uma era em que as conquistas tecnológicas do Oriente parecem ter revertido o movimento unilateral que ia do Ocidente para o Oriente. Essa também é a causa do sentimento neorreacionário que vemos hoje no Ocidente.

Para avançarmos, talvez seja interessante ressituar esse discurso da nova era axial como o surgimento de um momento crítico para a reflexão sobre o futuro da tecnologia e da geopolítica. Essa avaliação crítica exige a rearticulação da questão da tecnologia. Podemos suspeitar que tem havido um engano e um desconhecimento quanto à tecnologia nos últimos séculos, já que ela tem sido vista como algo não essencial e de caráter meramente instrumental – mas, de modo mais significativo, como homogênea e universal. Esse universalismo favorece uma história tecnológica fundamentalmente europeia. Nos textos aqui reunidos, procuro mostrar que a maneira pela qual os avanços tecnológicos vêm sendo percebidos na filosofia, na antropologia e na história da tecnologia é bastante discutível e que a apreensão de novas visões sobre o tema e a reflexão sobre outros futuros possíveis são agora um *imperativo*. Em seu âmago, essa busca é um projeto de decolonização que se distancia de maneira consciente do pós-colonialismo. A modernização como globalização é um processo de sincronização que faz com que diferentes tempos históricos convirjam em um único eixo de tempo global e prioriza tipos específicos de conhecimento como força produtiva principal. Esse processo de sincronização é possibilitado pela tecnologia, e é também nesse sentido que entendemos aquilo que Heidegger afirma em "O fim da filosofia e a tarefa do pensar", de 1964, no sentido de que "o fim da filosofia revela-se como o triunfo do equipamento controlável de um mundo técnico-científico e da ordem social que lhe corresponde. Fim da filosofia quer dizer: começo da civilização mundial fundada no pensamento ocidental-europeu".[1] O fim da filosofia é assinalado pela cibernética e, para além disso, também traz implícita a ideia de que a civilização e a geopolítica globais estavam dominadas pelo pensamento ocidental-europeu. Para que consigamos nos afastar dessa sincronização, ao que tudo indica, teremos de exigir uma *fragmentação* que nos libertará de um tempo histórico-linear definido em termos de pré-moderno / moderno / pós-moderno / apocalipse. A maneira como vemos a tecnologia enquanto

1 Martin Heidegger, "O fim da filosofia e a tarefa do pensar", in *Conferências e escritos filosóficos*, trad. Ernildo Stein. São Paulo: Abril Cultural, 1979, p. 271.

força exclusivamente produtiva e mecanismo capitalista voltado ao aumento da mais-valia nos impede de enxergar seu potencial decolonizador e de perceber a necessidade do desenvolvimento e da manutenção da tecnodiversidade.

Como o pensamento não europeu e o não moderno poderiam responder a esta época tecnológica senão com um apelo ao retorno à natureza? Com meu conhecimento limitado sobre a América Latina, minha esperança é que este trabalho desperte uma curiosidade que leve a perguntas como: o que significa uma cosmotécnica amazônica, inca, maia? E, para além de formas de arte e de artesanato indígenas a serem preservadas, como essas cosmotécnicas poderiam nos inspirar a recontextualizar a tecnologia moderna? Para isso, precisamos rearticular a questão da tecnologia e contestar os pressupostos ontológicos e epistemológicos das tecnologias modernas, sejam elas as redes sociais ou a inteligência artificial. Quando propõe seu projeto transumanista, o filósofo Enrique Dussel enfatiza os diálogos transversais entre diferentes culturas a fim de criar uma solidariedade que inclua e respeite os pontos de vista da alteridade. Dito de outro modo, as culturas não europeias podem aprender com a modernidade e, ao mesmo tempo, desenvolver uma visão crítica a partir de seus pontos de vista. Somos obrigados, contudo, a perguntar: como um diálogo transversal desse tipo seria possível quando o mundo inteiro foi sincronizado e transformado por uma força tecnológica gigantesca?

Do ponto de vista da história da filosofia, a modernidade e a pós-modernidade, sendo discursos europeus, são descrições e respostas às condições tecnológicas europeias – ao mecanicismo e à cibernética, respectivamente. Seria estranho se alguém que pretendesse superar a modernidade ou a pós-modernidade não se defrontasse com a tecnologia como um tema central. Tenho a impressão de que devemos dar um passo além da crítica do eurocentrismo e do colonialismo do poder, porque, como verdadeiros materialistas, devemos reconhecer que esses vieses ontológicos e epistemológicos só sobrevivem e triunfam porque são concretizados (talvez até pudéssemos dizer embutidos) nas tecnologias, como na arquitetura de bancos de dados e de algoritmos, na definição de usuários e nos modos de acesso. O capitalismo evolui ao investir em máquinas, ao se atualizar constantemente de acordo com os avanços tecnológicos e ao criar fontes de lucro na invenção de novos *dispositifs*.

Sem confrontarmos o conceito de tecnologia em si, dificilmente seremos capazes de preservar a alteridade e a diferença. Essa talvez seja a condição sob a qual poderemos pensar uma filosofia pós-europeia. Se Heidegger afirma que o fim da filosofia significa o "começo da civilização mundial fundada no pensamento ocidental-europeu" e que tal final é marcado pela cibernética, então o desconhecimento da tecnologia e a aceleração cega conduzirão apenas ao agravamento dos sintomas enquanto fingem tratá-los. Há motivos legítimos para desconfiar do impulso prometeico tragista que afirma pôr fim ao capitalismo por meio da automação total, já que esse impulso tem como base uma falsa personificação do capitalismo, como se ele fosse uma pessoa idosa que será deixada para trás pelo avanço tecnológico. Também não rejeitamos pura e simplesmente a ideia da aceleração, mas parece fazer mais sentido perguntar: que aceleração é mais rápida do que a de um desvio radical, a de um afastamento do eixo de tempo global, a que liberta nossa imaginação das amarras do futuro tecnológico vislumbrado pelas fantasias transumanistas? Essa reabertura da história mundial só pode ser alcançada pela conversão dessa força tecnológica gigantesca em uma relação contingente e de seu reposicionamento como sujeito necessário de investigação e de transformação a partir das perspectivas de múltiplas cosmotécnicas.

Os artigos "Sobre a consciência infeliz dos neorreacionários" (2017), "Cosmotécnica como cosmopolítica" (2017), "O que vem depois do fim do Iluminismo?" (2019) e "Cem anos de crise" (2020) foram originalmente publicados no periódico digital *e-flux*. Eles compõem uma série de textos que procura construir uma teoria política cujo ponto de partida é a tecnodiversidade. Os outros três artigos, "Máquina e ecologia", "Variedades da experiência da arte" e "Sobre os limites da inteligência artificial", foram desenvolvidos a partir de três palestras proferidas ao lado de Bernard Stiegler em novembro de 2019, durante uma aula magna intitulada "What Art Can Do in the 21st Century" [O que a arte pode fazer no século XXI], na Universidade Nacional de Artes de Taipei. Desenvolvidas a partir do aprofundamento de alguns dos temas de *Recursivity and Contingency* [Recursividade e contingência], essas aulas são uma exploração daquilo que chamo de fragmentação.

Estive no Brasil em setembro de 2019 para uma jornada de palestras, e foi minha primeira visita à América Latina. Tenho lembranças muito agradáveis da acolhida calorosa que recebi de Ronaldo Lemos, Eduardo Viveiros de Castro, Hermano Vianna, Carlos Dowling, Aécio Amaral e de outros colegas, além das discussões intensas que tivemos. Pensando sobre tudo isso agora, nestes tempos turbulentos que estamos vivendo, essa viagem já parece muito distante. Minha breve estadia no Brasil só me permitiu dar uma espiada nessa realidade social e política bastante diferente, mas também confirmou a necessidade de pensar a decolonização a partir da perspectiva da tecnologia. Espero que este livro seja apenas o começo de uma conversa bem mais profunda.

Yuk Hui
Hong Kong, setembro de 2020.

1
COSMOTÉCNICA COMO COSMOPOLÍTICA

O fim da globalização unilateral e a chegada do Antropoceno nos obrigam a falar da cosmopolítica. Esses dois fatores se correlacionam e correspondem a dois sentidos diferentes da palavra "cosmopolítica": como regime comercial e como política da natureza.

Em primeiro lugar, estamos testemunhando os últimos momentos da globalização unilateral. Até agora, a assim chamada "globalização" tem sido em sua maior parte um processo que emana de um só lado e traz consigo a universalização de epistemologias particulares e, através de meios tecnoeconômicos, a elevação de uma visão de mundo regional ao *status* de metafísica supostamente global. Sabemos que essa globalização unilateral chegou ao fim graças à leitura equivocada que se atribuiu aos ataques do 11 de Setembro, vistos como um ataque do Outro contra o Ocidente. Na verdade, o 11 de Setembro foi um evento "autoimune", interno ao bloco Atlântico, no qual suas próprias células anticomunistas, adormecidas desde o fim da Guerra Fria, se voltaram contra seu hospedeiro.[1] Ainda assim, as imagens espetaculares do evento forneceram uma espécie de teste de Rorschach em que os representantes da globalização puderam projetar suas inseguranças crescentes quanto a serem deixados ilhados entre a antiga configuração e a nova – um exemplo do que Hegel chamou de "consciência infeliz".[2]

A consciência infeliz de Peter Thiel evoca uma época de glória comercial a que se renunciou com o fim da globalização

1 Sobre o caráter autoimune dos ataques do 11 de Setembro, cf. Giovanna Borradori, *Filosofia em tempo de terror – Diálogos com Habermas e Derrida*, trad. Roberto Muggiati. Rio de Janeiro: Zahar, 2004; e Chalmers Johnson, *Blowback: The Costs and Consequences of American Empire*. New York: Holt, 2004.

2 Ver capítulo 2, "Sobre a consciência infeliz dos neorreacionários", p. 49.

unilateral e aspira a um futurismo transumanista baseado na aceleração tecnológica de todas as escalas cósmicas. Isso leva a uma redefinição do Estado-nação soberano como resultado da competição tecnológica global. Precisamos começar a imaginar uma nova política que não seja apenas mais uma continuação desse mesmo tipo de geopolítica com uma ligeira mudança nas configurações do poder – ou seja, uma geopolítica cuja diferença estaria no fato de que o papel de superpotência seria desempenhado pela China ou pela Rússia em vez dos Estados Unidos. Precisamos de uma nova linguagem de cosmopolítica para que possamos formular uma nova ordem mundial que vá além de uma única hegemonia.

Em segundo lugar, a espécie humana se encontra diante da crise do Antropoceno. A Terra e o cosmos foram transformados em um imenso sistema tecnológico – o ápice da ruptura epistemológica e metodológica a que chamamos de modernidade. A perda do cosmos é o fim da metafísica no sentido de que já não somos capazes de apreender o que quer que tenha sido deixado para trás pela perfeição da ciência e da tecnologia ou que esteja além dela.[3] Quando historiadores como Rémi Brague e Alexandre Koyré escrevem sobre o fim do cosmos na Europa dos séculos XVII e XVIII,[4] suas afirmações devem ser lidas em nosso contexto antropocênico como um convite ao desenvolvimento da cosmopolítica não apenas no sentido de um cosmopolitismo,

3 Martin Heidegger, *Der Satz vom Grund*. Frankfurt am Main: Klostermann, 1997.

4 Cf. Rémi Brague, *The Wisdom of the World: The Human Experience of the Universe in Western Thought*. Chicago: University of Chicago Press, 2003; e Alexandre Koyré, *Do mundo fechado ao universo infinito* [1957], trad. Donaldson M. Garschagen. Rio de Janeiro: Forense Universitária, 2006.

mas também no de uma política do cosmos.[5] Em resposta a esse convite, gostaria de sugerir que elucidar a questão da cosmotécnica é necessário para que o desenvolvimento de uma cosmopolítica desse tipo seja possível. Venho desenvolvendo o conceito de cosmotécnica a fim de reapresentar a questão da tecnologia desfazendo certas traduções que foram motivadas pela busca de equivalências ao longo da modernização. Essa problematização pode ser apresentada nos termos de uma antinomia kantiana:

Tese: a tecnologia, como formulada por alguns antropólogos e filósofos, é um universo antropológico entendido como a exteriorização da memória e a superação da dependência dos órgãos. Antítese: a tecnologia não é antropologicamente universal; seu funcionamento é assegurado e limitado por cosmologias particulares que vão além da mera funcionalidade e da utilidade. Assim, não há uma tecnologia única, mas uma multiplicidade de cosmotécnicas.

A fim de explorar essa relação entre cosmotécnica e cosmopolítica, divido este capítulo em três partes. Primeiro, demonstrarei como o conceito kantiano de cosmopolítica está enraizado no conceito de natureza em Kant. Na segunda parte, situarei o "multinaturalismo" proposto pela "virada ontológica" na antropologia como uma cosmopolítica diferente, a qual, em contraste com a busca kantiana pelo universal, sugere certo relativismo como condição propiciadora de coexistência. Na terceira parte, tentarei mostrar por que temos de adotar o avanço da cosmologia em direção à cosmoética como política por vir.

5 Quanto a este tema, cf. Isabelle Stengers, *Cosmopolitics I* e *II*. Minneapolis: University of Minnesota Press, 2010–11.

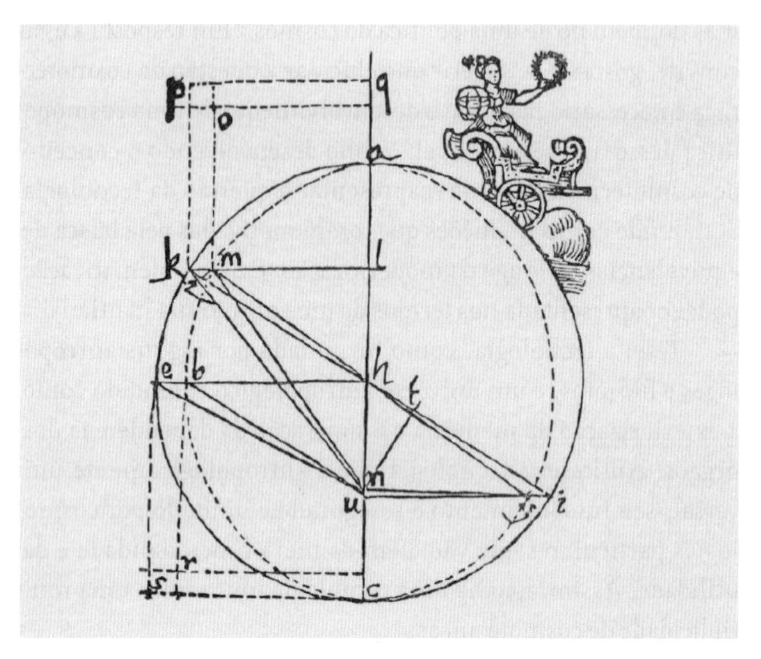

Diagrama usado por Johannes Kepler para estabelecer as leis do movimento planetário © Wikimedia Commons.

1
COSMOPOLITISMO: ENTRE A NATUREZA E A TECNOLOGIA

A principal dificuldade de toda cosmopolítica está na reconciliação entre o universal e o particular. O universal tende a contemplar os particulares do alto, da mesma forma como Kant observava a Revolução Francesa – como um espectador que assiste do camarote do teatro a uma peça violenta. A universalidade é a visão de um espectador, nunca a de um ator. Kant escreveu em *Ideia de uma história universal de um ponto de vista cosmopolita*:

> ele não tem outra saída senão tentar descobrir, neste curso absurdo das coisas humanas, um *propósito da natureza* que possibilite todavia uma história segundo um determinado plano da natureza para criaturas que procedem sem um plano próprio. [...] Assim ela [a Natureza] gerou um Kepler, que, de uma maneira inesperada, submeteu as excêntricas órbitas dos planetas a leis determinadas; e um Newton, que explicou essas leis por uma causa natural universal.[6]

Kant sustenta ao longo de seus escritos políticos que essa relação entre natureza e cosmopolítica é necessária.[7] Se Kant vê a constituição republicana e a paz perpétua como formas políticas que talvez possam trazer à tona uma história universal da espécie humana, isso se deve à sua concepção de que um progresso desse tipo também é um progresso da razão, o *telos* da natureza. Esse progresso em direção a um objetivo final (mais especificamente, a história universal e a constituição política perfeita) é a "realização de um plano oculto da natureza" (*Vollziehung eines verborgenen Plans der Natur*). Mas o que significa dizer que a natureza tem um plano oculto? E por que a concretização da cosmopolítica é a teleologia da natureza?

Autores como Hannah Arendt e Eckart Förster, entre outros, sugerem que a filosofia política de Kant gravita em torno de seu

6 Immanuel Kant, *Ideia de uma história universal de um ponto de vista cosmopolita* [1784], trad. Rodrigo Naves e Ricardo R. Terra. São Paulo: WMF Martins Fontes, 2011, pp. 4-5.

7 Cf. *Ideia de uma história universal de um ponto de vista cosmopolita* [1784] e *À paz perpétua* [1795] e, entre ambos, *Crítica da faculdade de julgar* [1790], uma das fontes principais da filosofia política inexistente de Kant, de acordo com Hannah Arendt em *Lições sobre a filosofia política de Kant* [1982], trad. André Duarte de Macedo. Rio de Janeiro: Relume Dumará, 1994.

conceito de natureza.[8] Arendt propõe uma justaposição no que se refere à paz perpétua de Kant: de um lado, *Besuchsrecht*, o direito de visitar países estrangeiros e o direito à hospitalidade; de outro, a natureza, "essa grande artista, como a eventual garantia à 'paz perpétua'".[9] Se depois de 1789 Kant é ainda mais consistente em sua afirmação da cosmopolítica como teleologia do futuro, isso se deve ao desenvolvimento do conceito de auto-organização, que desempenha um papel central no segundo livro de *Crítica da faculdade de julgar* – no qual são estabelecidas as duas categorias importantes de relação, quais sejam, comunidade (*Gemeinschaft*) e reciprocidade da ação (*Wechselwirkung*).

Consideremos o exemplo da árvore que Kant dá no §64 da *Crítica da faculdade de julgar*. Primeiro, a árvore se reproduz de acordo com seu gênero – produz outra árvore. Depois, a árvore produz a si mesma como indivíduo; ela absorve a energia do ambiente e a transforma em nutrientes que garantem a vida. Finalmente, partes diferentes da árvore estabelecem relações recíprocas umas com as outras e, assim, constituem o todo; como Kant escreve, a "a conservação de uma parte depende da conservação da outra, e vice-versa".[10] Nessa totalidade, uma parte é sempre limitada pelo todo, e isso também é válido para o entendimento de Kant sobre a integridade da cosmopolítica: "um sistema de todos os Estados que se arriscam a prejudicar uns aos outros".[11] A

8 H. Arendt, op. cit., e Eckart Förster, "The Hidden Plan of Nature", in Amelie Oksenberg Rorty, James Schmidt (orgs.), *Kant's Idea for a Universal History with a Cosmopolitan Aim: A Critical Guide*. Cambridge: Cambridge University Press, 2009, pp. 187–99.

9 H. Arendt, op. cit., p. 24.

10 I. Kant, *Crítica da faculdade de julgar* [1790], trad. Fernando Costa Mattos. Rio de Janeiro: Vozes, 2016, p. 267.

11 Como citado em H. Arendt, op. cit., p. 69.

natureza não é algo que possa ser julgado de um ponto de vista em particular, assim como a Revolução Francesa não poderia ser julgada de acordo com seus participantes. Pelo contrário, a natureza só pode ser compreendida como um todo complexo, e a espécie humana, parte desse todo, acabará por progredir rumo à história universal que coincide com a teleologia da natureza.[12]

Nossa intenção aqui é mostrar que Kant desenvolve seu pensamento em direção ao universalismo e que seu conceito de relação entre a cosmopolítica e o propósito da natureza está situado em um momento peculiar da história: o encantamento e o desencantamento simultâneos da natureza. Por um lado, Kant reconhece a importância do conceito de orgânico para a filosofia; descobertas nas ciências naturais lhe permitiram conectar o cosmos com a moral, como indicado pela famosa analogia exposta ao final da *Crítica da razão prática*: "Duas coisas enchem o íntimo de admiração e veneração sempre nova e crescente, quanto mais frequente e insistentemente a reflexão ocupa-se com elas: o céu estrelado acima de mim e a lei moral em mim".[13] Howard Caygill faz uma afirmação ainda mais categórica, sob o argumento de que a analogia aponta para uma "fisiologia kantiana da alma e do cosmos" que une o "dentro de mim" (a liberdade) e o "acima de mim".[14] Por outro lado, como

12 De forma mais concreta, aqui Kant está interessado na questão da organização, que encontra sua potência máxima no origanismo. A concepção de Kant deve ser diferenciada, aqui, do espinosismo (panteísmo), do teísmo e do hilozoísmo, que ele rejeita de maneira explícita no §72 da *Crítica da faculdade de julgar*.

13 I. Kant, *Crítica da razão prática* [1788], trad. Valerio Rohden. São Paulo: WMF Martins Fontes, 2016, p. 255.

14 Howard Caygill, "Soul and Cosmos in Kant: A Commentary on 'Two Things Fill the Mind...'", in Diane Morgan e Gary Banham (orgs.),

vimos na citação que Kant faz de Kepler e de Newton em *Ideia de uma história universal de um ponto de vista cosmopolita*, a afirmação da "história universal" e os avanços da ciência e da tecnologia no século XVIII levaram ao que Rémi Brague chama de "morte do cosmos":

> A nova astronomia, dando continuidade a Copérnico e seus sucessores, teve consequências para o ponto de vista moderno do mundo [...]. Pensadores medievais e da Antiguidade apresentaram um esquema sincrônico da estrutura do mundo físico que apagava os rastros de sua origem; os modernos, por outro lado, lembraram do passado e, além disso, ofereceram uma visão diacrônica da astronomia – como se a evolução das ideias sobre o cosmos fosse ainda mais importante do que a verdade sobre ele [...]. Seria ainda possível falar de cosmologia? Parece que o Ocidente perdeu uma cosmologia com o fim do mundo de Aristóteles e de Ptolomeu, um fim atribuível a Copérnico, Galileu e Newton. O "mundo", a partir de então, já não formava um todo.[15]

Novas descobertas nas ciências naturais graças à invenção do telescópio e dos microscópios expuseram os seres humanos a magnitudes que não podiam ser anteriormente compreendidas e levaram a uma nova relação com "todo o leque da natureza"

Cosmopolitics and the Emergence of a Future. New York: Palgrave Macmillan, 2007, p. 215. Caygill rastreia a relação entre o cosmos e a moral nas analogias de Kant (o belo como símbolo de moral, por exemplo) e a influência da teoria da irritabilidade de Brown e de Haller no *Opus Postumum*, confirmando a estrutura organicista presente em ambas.

15 R. Brague, op. cit., pp. 188–89.

(*in dem ganzen Umfang der Natur*).[16] Diane Morgan, estudiosa de Kant, sugere que a natureza perdeu o caráter antropomórfico quando foi confrontada com os "mundos para além de mundos" revelados pela tecnologia, já que a relação entre humanos e natureza foi, então, virada do avesso, com os humanos agora colocados diante do universo "imensamente grande".[17] Como indicamos antes, no entanto, há um momento dúplice que merece nossa atenção: *tanto* o momento do encantamento *quanto* o do desencantamento da natureza que, causado pelas ciências naturais, levou a uma secularização do cosmos.

Para além da revelação da natureza e de sua teleologia através de instrumentos técnicos, a tecnologia também assume um papel decisivo quando Kant afirma em sua filosofia política que a comunicação é a condição de realização do todo organicista. Arendt explicitou o papel do *sensus communis* na filosofia kantiana como questão tanto de comunidade quanto de consenso.[18] Mas tal *sensus communis* somente é alcançado por meio de tecnologias especiais, e é com base nisso que devemos problematizar qualquer discurso ingênuo que enxergue o comum como algo já dado ou que preceda a tecnologia. A era do Iluminismo, como destacado por Arendt (e também por Bernard Stiegler), é a do "uso público da razão individual", e esse exercício da razão se manifesta na liberdade de expressão e de imprensa, que necessariamente envolvem as tecnologias de impressão. Em um nível

16 I. Kant, *Universal Natural History and the Theory of the Heavens* [1755], org. e trad. S. Jaki. Edimburgo: Scottish Academic Press, 1981, p. 164, apud Diana Morgan, "Introduction: Parts and Wholes - Kant, Communications, Communities and Cosmopolitics", in D. Morgan e G. Banham (orgs.), op. cit., p. 8.

17 I. Kant, *Crítica da razão prática*, op. cit., p. 255.

18 H. Arendt, op. cit., pp. 90–92.

internacional, Kant escreve em *À paz perpétua* que "em um comércio de diferentes povos, pelo que os povos foram levados pela primeira vez a uma relação pacífica uns com os outros e, assim, à compreensão da comunidade e da relação pacífica uns com os outros, mesmo com os mais distantes" e, mais adiante, acrescenta que "é o espírito comercial, que não pode subsistir juntamente com a guerra e que mais cedo ou mais tarde se apodera de cada povo".[19]

2
"VIRADA ONTOLÓGICA" COMO COSMOPOLÍTICA

A reiteração do cosmopolitismo de Kant é uma tentativa de demonstrar o papel da natureza na filosofia política kantiana. De algum modo, Kant admite *uma única natureza* que a razão nos impele a reconhecer como racional; a racionalidade corresponde à universalidade teleológica organicista ostensivamente concretizada na constituição tanto da moralidade quanto do Estado. Esse encantamento da natureza é acompanhado por um desencantamento da natureza guiado pela mecanização imposta pela Revolução Industrial. A "morte do cosmos" de Brague, empreendida pela modernidade europeia e por sua globalização da tecnologia moderna, necessariamente forma uma das condições para que hoje reflitamos sobre a cosmopolítica, uma vez que ilustra a ineficácia de uma metáfora biológica para o cosmopolitismo. Se começamos por Kant, e não por discussões mais recentes sobre tal conceito – como o cosmopolitismo sem raízes

19 I. Kant, *À paz perpétua: um projeto filosófico* [1795], trad. Marco Zingano. Porto Alegre: L&PM, 2011 (e-book).

de Martha Nussbaum, o patriotismo constitucional de Habermas ou o patriotismo cosmopolita de Anthony Appiah –,[20] isso se deve ao fato de que queremos reconsiderar o cosmopolitismo ao examinar suas relações com a natureza e com a tecnologia. Na verdade, o cosmopolitismo enraizado de Appiah será relevante para nossa discussão mais adiante. Ele sustenta a ideia de que o cosmopolitismo nega a importância de afiliações e de lealdades individuais; o que significa que tal visão é necessária para que se considere a cosmopolítica a partir do ponto de vista da localidade. É em função desse aspecto crucial que eu gostaria de articular a ideia do "multinaturalismo", recentemente proposta por antropólogos que buscam apresentar um novo modo de pensar o cosmopolitismo.

A "virada ontológica" na antropologia é um movimento associado a antropólogos como Philippe Descola, Eduardo Viveiros de Castro, Bruno Latour e Tim Ingold, e, antes deles, a Roy Wagner e Marilyn Strathern, entre outros.[21] Essa virada ontológica é uma resposta direta à crise da modernidade que, de modo geral, se expressa em termos de uma crise ecológica que, agora, está intimamente ligada ao Antropoceno. O movimento da virada ontológica é uma tentativa de levar diferentes ontologias em diferentes culturas a sério (devemos ter em mente que saber onde diferentes ontologias estão não é o mesmo que levá-las a sério). Descola convence ao esboçar quatro ontologias principais: o naturalismo,

20 Não será possível abordar, neste texto, as diferentes pontos de vista sobre cosmopolitismo, mas, para uma visão geral, cf. Angela Taraborrelli, *Contemporary Cosmopolitanism*, trad. Ian McGilvray. London: Bloomsbury, 2015.

21 Sobre essa trajetória intelectual, cf. Martin Holbraad e Morten Axel Pedersen, *The Ontological Turn: An Anthropological Exposition*. Cambridge: Cambridge University Press, 2017.

o animismo, o totemismo e o analogismo.[22] O moderno é caracterizado pelo que o autor chama de "naturalismo", o que significa uma oposição entre cultura e natureza e entre a dominância da primeira em relação à segunda. Descola sugere que devemos ir além dessa oposição e reconhecer que a natureza não está mais em oposição ou em situação de inferioridade com relação à cultura. Em vez disso, podemos ver os diferentes papéis que a natureza exerce nas diferentes ontologias; no animismo, por exemplo, o papel da natureza se baseia na continuidade da espiritualidade, apesar do caráter descontínuo da fisicalidade.

Em *Par-delà Nature et culture* [Para além da natureza e da cultura], Descola propõe um pluralismo ontológico que é irredutível ao socioconstrutivismo. Ele sugere que o reconhecimento dessas diferenças ontológicas pode servir como antídoto à dominância que o naturalismo vem exercendo desde o advento da modernidade europeia. Mas será que esse enfoque na natureza (ou no cosmos, poderíamos dizer) com vistas à oposição ao naturalismo europeu pode de fato reviver o encantamento da natureza, desta vez em nome de um conhecimento nativo? Esse parece ser um problema latente nesse movimento: muitos antropólogos associados com a virada ontológica voltaram suas atenções para a questão da natureza e da política do não humano (em linhas gerais, animais, plantas, minerais, os espíritos e os mortos). Isso fica evidente quando lembramos que Descola propôs que o nome de sua disciplina fosse "antropologia da natureza". Essa tendência também sugere que a questão da técnica não é tratada de modo suficiente pelo movimento da virada ontológica. Por exemplo, Descola fala com frequência

22 Philippe Descola, *Par-delà Nature et culture*. Paris: Gallimard, 2005, p. 122.

sobre a prática – o que pode indicar seu desejo (louvável) de evitar uma oposição entre natureza e técnica –, mas, ao fazê-lo, ele também obscurece a questão da tecnologia. Descola mostra que o analogismo, e não o naturalismo, teve uma presença significativa na Europa durante a Renascença; se esse é de fato o caso, a "virada" que ocorreu durante a modernidade europeia parece ter resultado em uma ontologia e em uma epistemologia completamente diferentes. Se o naturalismo foi bem-sucedido na dominação do pensamento moderno, é porque uma imaginação cosmológica do gênero é compatível com seu desenvolvimento *tecno-lógico*: a natureza deve ser dominada para o bem do homem e, de acordo com as próprias regras da natureza, *pode* efetivamente sê-lo. Ou, colocado de outra maneira: a natureza é considerada a fonte de contingências devido à sua "fragilidade conceitual" e, por isso, precisa ser subjugada pela lógica.

Essas oposições entre natureza e técnica, mitologia e razão, fazem emergir várias ilusões que se alinham a um dos extremos. De um lado, racionalistas ou "progressistas" fazem esforços histéricos a fim de preservar seu monoteísmo mesmo depois de terem assassinado Deus, acreditando de bom grado que o processo mundial descartará as diferenças e a diversidade e levará a uma "teodiceia". De outro, estão os intelectuais de esquerda que sentem a necessidade de exaltar a ontologia ou a biologia nativas como uma saída para a modernidade. Recentemente, um pensador revolucionário francês descreveu a situação da seguinte maneira:

> Uma coisa engraçada de se ver nos dias de hoje é como todos esses absurdos esquerdistas modernos – todos incapazes de enxergar qualquer coisa que seja, todos perdidos em si mesmos, todos se sentindo tão mal, todos tentando desesperadamente existir e encontrar sua existência nos olhos do Outro –, como todas

> essas pessoas estão se lançando no "selvagem", no "indígena" e no "tradicional" como forma de escapar e de não encararem a si mesmos. Não falo aqui de adotar uma postura crítica contra a própria "branquitude", contra o próprio "modernismo". Falo da capacidade de olhar para dentro [*transpercer*] de si mesmo.

Minha recusa dos dois extremos de que falei não vem de nenhum "politicamente correto" pós-colonial, mas de uma tentativa de ir além da crítica pós-colonialista. (Em outro texto, apontei o fracasso do pós-colonialismo em lidar com a questão da tecnologia.)[23] Defendo a tese de que um pluralismo ontológico só poderá ser concretizado após uma reflexão sobre a questão da tecnologia e da política ligada a ela. Kant tinha consciência da importância da tecnologia quando fez seu comentário sobre o comércio como forma de comunicação; ele não prestou muita atenção, no entanto, na *diferença tecnológica* que acabou por levar à modernização planetária e, agora, à computação planetária, já que o que estava em jogo para o filósofo era a questão do todo que absorve cada diferença. Kant criticava os hóspedes mal-educados, os colonizadores gananciosos que trouxeram com eles "a opressão dos nativos, a sublevação de diversos Estados para guerras mais extensas, o flagelo da fome, revolta, deslealdade e a ladainha de todos os males que oprimem o gênero humano". Ao comentar as estratégias de defesa da China e do Japão, Kant dizia que ambos os países:

> tendo feito tratativas com tais hóspedes, permitiram sabiamente o acesso, mas não a entrada; este acesso somente a um único

23 Y. Hui, *The Question Concerning Technology in China: An Essay in Cosmotechnics*. Falmouth: Urbanomic, 2016, §28.

povo europeu, os holandeses, que, contudo, eles excluíram, enquanto prisioneiros, da comunidade dos nativos.[24]

Quando Kant escreveu isso, em 1795, ainda era muito cedo para que previsse a modernização e a colonização que se desenrolariam no Japão e na China. Se essa fase da globalização pôde se concretizar, foi devido aos avanços tecnológicos do Ocidente, que permitiram a subjugação dos japoneses, dos chineses e de outras civilizações asiáticas. A natureza, garantia da paz perpétua, não nos levou tanto assim para a paz perpétua, mas para guerras e mais guerras. Para que se faça uma defesa do cosmopolitismo hoje, penso que devemos reler o cosmopolitismo de Kant de acordo com o processo de modernização e revisitar as questões da natureza e da tecnologia de uma maneira diferente. A chegada da tecnologia moderna a países não europeus ao longo dos últimos séculos gerou uma transformação que era impensável para observadores europeus. A restauração de "naturezas nativas" precisa primeiro ser questionada – não porque elas não existam, mas porque estão situadas em uma nova época e são transformadas de tal modo que dificilmente haverá como voltar atrás e restaurá-las.[25]

Retomemos o que foi dito antes sobre a virada ontológica. A cosmologia é essencial para o conceito de "natureza" e de "ontologia" dos antropólogos, já que essa "natureza" é definida de acordo com diferentes "ecologias de relações", nas quais observamos diferentes constelações de relações, como o parentesco

24 Ibid.

25 Quanto a este assunto, teremos que deixar para confrontar Viveiros de Castro em outra oportunidade, já que para ele o perspectivismo ameríndio é tudo, menos obsoleto.

entre mulheres e vegetais ou a fraternidade entre caçadores e animais. Essas multiontologias se expressam como multinaturezas; as quatro ontologias de Descola, por exemplo, correspondem a diferentes visões cosmológicas. Creio que seja muito difícil, senão impossível, que a modernidade seja superada sem que se enfrente de maneira direta a questão da tecnologia - o que tem se tornado cada vez mais urgente depois do fim da globalização unilateral. Para isso, precisamos reformular a questão da cosmopolítica em relação à cosmotécnica.

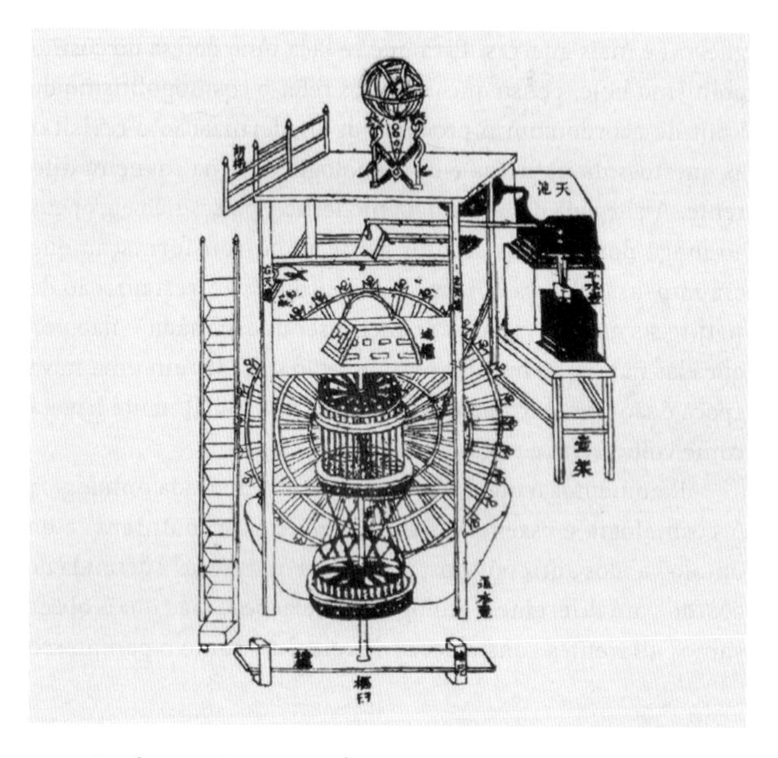

Um diagrama da torre do relógio de Su Song (1020-1101). O projeto original incluía esfera armilar, roda hidráulica, mecanismo de escape e transmissão em cadeia.

3
COSMOTÉCNICA COMO COSMOPOLÍTICA

Proponho ir além da noção de cosmologia; em vez disso, seria mais produtivo abordarmos o que chamo de cosmotécnica. Aqui vai uma definição preliminar: cosmotécnica é a unificação do cosmos e da moral por meio das atividades técnicas, sejam elas da criação de produtos ou de obras de arte. Não há apenas uma ou duas técnicas, mas muitas cosmotécnicas. Que tipo de moralidade, qual cosmos e a quem ele pertence e como unificar isso tudo variam de uma cultura para a outra de acordo com dinâmicas diferentes. Estou convencido de que, a fim de confrontar a crise diante da qual nos encontramos – mais precisamente, o Antropoceno, a intrusão de Gaia (Latour e Stengers) ou o "Entropoceno" (Stiegler), todas essas noções apresentadas como o futuro inevitável da humanidade –, precisamos rearticular a questão da tecnologia, de modo a vislumbrar a existência de uma bifurcação de futuros tecnológicos sob a concepção de cosmotécnicas diferentes. Procurei demonstrar essa possibilidade em *The Question Concerning Technology in China: An Essay in Cosmotechnics* [A questão da técnica na China: um ensaio sobre a cosmotécnica]. Como se pode perceber pelo título, trata-se de uma tentativa de responder ao famoso curso de Heidegger de 1949, "A questão da técnica". Defendo que, para repensarmos o projeto de superação da modernidade, devemos desfazer e refazer as traduções de *technē*, *physis*, *metaphysika* (não como conceitos meramente independentes, mas como conceitos inseridos em sistemas); só ao reconhecer essa diferença que conseguiremos alcançar a possibilidade de uma causa comum para a filosofia.

Por que acredito, então, que precisamos nos voltar para a cosmotécnica? Já faz muito tempo que operamos com um conceito muito estrito – na verdade, estrito demais – de técnica. Ao acompanharmos o ensaio de Heidegger, podemos distinguir duas noções de tal conceito. Primeiro, temos a noção grega de *technē*, que Heidegger desenvolve por meio de sua leitura dos gregos antigos, notadamente os pré-socráticos – mais precisamente, os três pensadores "iniciais" (*anfängliche*), Parmênides, Heráclito e Anaximandro.[26] Em seu curso de 1949, Heidegger propõe uma distinção entre a essência da *technē* grega e a tecnologia moderna (*moderne Technik*).

Se a essência da *technē* é a *poiesis*, ou produção (*Hervorbringen*), então a tecnologia moderna, um produto da modernidade europeia, deixa de possuir a mesma essência da *technē* e se torna um aparato de "composição" (*Gestell*), no sentido de que todos os seres se tornam disponíveis (*Bestand*) para isso. Heidegger não inclui essas duas essências como técnicas, mas também não dá espaço para outras técnicas – como se só houvesse uma única e homogênea *Machenschaft* [maquinação] depois da *technē* grega,

26 Para que possamos entender melhor o conceito heideggeriano de *technē*, devemos voltar a suas primeiras obras. No curso *Introdução à metafísica*, de 1935, Heidegger tenta reconciliar Parmênides, o filósofo do ser, com Heráclito, o filósofo do devir, por meio da interpretação de um verso da *Antígona* de Sófocles. Sua reflexão se concentra em uma descrição do *Dasein* humano como *to deinataton*, o mais infamiliar dos infamiliares (*das Unheimlichste des Unheimlichen*). Segundo Heidegger, o "infamiliar" tem dois sentidos. Em um deles, refere-se a uma violência (*Gewalttätigkeit*) associada à *technē*; aqui, *technē* não é nem arte nem técnica no sentido moderno, mas saber – uma forma de saber que pode fazer o Ser começar a funcionar nos seres. No segundo sentido, o "infamiliar" se refere a poderes avassaladores (*Überwaltigend*), como os do mar e da terra. Esses poderes se manifestam na palavra *dikē*, tradicionalmente traduzida como "justiça" (*Gerechtigkeit*), ainda que Heidegger a traduza como "justeza" (*Fug*). Para uma análise detalhada, cf. Y. Hui, op. cit., §8, pp. 69–79.

uma técnica calculável, internacional e até planetária. É espantoso que encontremos nos chamados *Schwarze Hefte* [Cadernos negros] de Heidegger – dos quais foram publicados até agora quatro volumes – uma anotação deste tipo: "Se o comunismo chegasse ao poder na China, seria possível admitir que esse seria o único modo pelo qual os chineses poderiam se ver 'desimpedidos' para a tecnologia. Que processo é esse?".[27] Heidegger insinua duas coisas aqui: primeiro, que a tecnologia é internacional (não universal); segundo, que os chineses não tiveram capacidade nenhuma de resistir à tecnologia depois que o comunismo tomou o poder no país. Esse veredito antecipa a globalização tecnológica como uma forma de neocolonização que impõe sua racionalidade via instrumentalidade, como o que observamos nas políticas transumanistas e neorreacionárias.

Minha tentativa de ir além do discurso de Heidegger quanto à tecnologia tem como base, sobretudo, duas motivações: 1) o desejo de responder à virada ontológica na antropologia que pretende lidar com o problema da modernidade com uma proposta de pluralismo ontológico; e 2) o desejo de atualizar o discurso insuficiente que é largamente associado à crítica de Heidegger à tecnologia. Propus que recolocássemos a questão da técnica como uma variedade de cosmotécnica, e não como *technē* ou tecnologia moderna. Em minha pesquisa, usei a China como laboratório para minha tese e tentei reconstruir uma genealogia do pensamento tecnológico chinês. Essa tarefa,

27 M. Heidegger, *Anmerkungen I-V – Schwarze Hefte, 1942–48*, org. Peter Trawny. Frankfurt: Klostermann, 2015, p. 441. No original: "Wenn der Kommunismus in China an die Herrschaft kommen sollte, steht zu vermuten, daß erst auf diesem Wege china für dieTechnik 'frei' wird. Was liegt indiesem Vorgang?".

no entanto, não se limita à China, já que a ideia central é a de que todas as culturas não europeias deveriam sistematizar as próprias cosmotécnicas e as histórias dessas cosmotécnicas. O pensamento cosmotécnico chinês consiste em uma longa história de discursos intelectuais sobre a unidade e a relação entre *chi* e *tao*. A união do *chi* e do *tao* também é a união da moral e do cósmico, já que a metafísica chinesa é, em essência, uma cosmologia moral ou uma metafísica moral, como foi demonstrado pelo filósofo do novo confucionismo Mou Tsung-San. Mou sugere que, se em Kant podemos encontrar uma metafísica da moral, se trata no máximo de uma exploração metafísica da moral, não uma metafísica moral, uma vez que esta só pode ter início com a moral. A demarcação que Mou traça entre a filosofia chinesa e a ocidental fundamenta sua convicção de que a filosofia chinesa reconhece e cultiva a intuição intelectual que Kant associa à apreensão do "númeno", mesmo que Kant descarte a possibilidade de que seres humanos possam vir a possuir esse tipo de intuição. Para Mou, a moral emerge da experiência da infinitude do cosmos, o que exige a infinitização como condição de possibilidade da finitude do *Dasein*.[28]

Tao não é um objeto. Não é um conceito. Não é uma *différance*. No *Tseu-Hi* de *Yi Zhuan* (易傳·繫辭), *Tao* é tido apenas como "acima das formas", enquanto *chi* é o que está "abaixo das formas". É digno de nota que *xin er shang xue* (o estudo do que está acima das formas) seja a expressão usada para traduzir "metafísica" (uma das equivalências que precisa ser desfeita). *Chi* é algo que ocupa espaço, como podemos notar pela leitura de um dicionário etimológico e também por sua representação

28 Mou Tsung-San, *Collected Works 21: Phenomenon and Thing-in-Itself*. Taipei: Student Books Co., 1975, pp. 20–30.

gráfica (器) – quatro bocas ou recipientes e, no meio deles, um cão que guarda utensílios de cozinha. O *chi* apresenta sentidos variados em doutrinas diferentes; no confucionismo clássico, por exemplo, há *Li chi* (禮器), no qual o *chi* é essencial para o *Li* (um rito) – que, por sua vez, não é apenas uma cerimônia, mas sobretudo a busca por união entre o ser humano e os céus. Para os nossos propósitos, basta dizer que *tao* pertence ao númeno de acordo com a distinção kantiana, enquanto *chi* se relaciona ao fenômeno. Mas é possível infinitizar o *chi* de modo a infinitizar o eu e adentrar o númeno – essa é a questão da arte.

Para que se entenda melhor o que quero dizer com isso, podemos nos voltar para a história do açougueiro Pao Ding, tal como contada no *Zhuangzi* [Livro de Chuang-Tzu]. É preciso ter em mente, no entanto, que esse é um exemplo escrito na Antiguidade e que precisamos de uma visão histórica muito mais ampla para compreendê-lo.

Pao Ding é ótimo em esquartejar vacas. Ele afirma que a chave para ser um bom açougueiro não está no domínio de certas técnicas, mas na compreensão do *tao*. Em resposta a uma pergunta feita pelo duque Wen Huei sobre o *tao* do esquartejamento bovino, Pao Ding alega que ter uma boa faca não é necessariamente o bastante; o mais importante é entender o *tao* da vaca, de modo a usar a lâmina não para despedaçar ossos e tendões, mas, antes, para fazê-la correr ao longo deles e adentrar os espaços entre eles. Aqui, o sentido literal de *tao* – "caminho" ou "trajeto" – se confunde com seu sentido metafísico:

> O que eu amo é o *tao*, que é muito mais esplêndido do que a minha técnica. Quando comecei a trinchar bois, não via nada além do boi inteiro. Três anos mais tarde, já não via o boi inteiro, mas partes dele. Agora trabalho por intuição e não olho para

> ele com os olhos. Meus órgãos visuais param de funcionar enquanto minha intuição segue o próprio caminho. Em harmonia com o princípio do céu (natureza), corto ao largo das ligações e trespasso as grandes cavidades com a faca. Porque sigo a estrutura natural do boi, nunca encosto em veias ou tendões, muito menos em ossos grandes![29]

Assim, Pao Ding conclui que um bom açougueiro não confia nos objetos técnicos que estão à disposição, mas no *tao*, já que o *tao* é mais essencial do que o *chi* (a ferramenta). Pao Ding acrescenta que um bom açougueiro precisa substituir a faca a cada ano, já que só corta tendões, enquanto um mau açougueiro precisa substituí-la a cada mês, pois usa a lâmina para cortar ossos. Pao Ding – um açougueiro *excelente* –, por sua vez, não precisou trocar de faca por dezenove anos, e a sua parece ter acabado de sair da pedra de amolar. Quando se vê diante de uma dificuldade, Pao Ding detém a faca e tateia em busca do lugar certo para que possa avançar.

O duque Wen Huei, que havia feito a pergunta, responde que "agora, depois de ter ouvido Pao Ding falar, aprendi a *viver*"; e, de fato, essa história está incluída na seção intitulada "Maestria no viver". É, portanto, a questão do "viver", mais do que a da técnica, que está no centro da narrativa. Se há um conceito de "técnica" aqui, ele está separado do objeto técnico: ainda que o objeto técnico não seja desprovido de importância, não se pode buscar a perfeição da técnica pelo aperfeiçoamento de uma ferramenta ou de uma habilidade, já que a perfeição só pode ser alcançada pelo *tao*. A faca de Pao Ding nunca corta tendões ou

29 *Zhuangzi* (edição bilíngue). Hunan: Hunan People's Publishing House, 2004, pp. 44–45. Tradução adaptada.

ossos; em vez disso, ela busca pelos vãos e os percorre com facilidade. E, ao fazê-lo, desempenha a função de destrinchar uma vaca sem se colocar em risco – isto é, sem que a faca perca o fio e seja substituída. Ela, assim, se realiza inteiramente como faca.

O que eu disse até agora não é suficiente para a formulação de um programa, já que se trata apenas de uma explicação quanto à motivação por trás de um projeto muito mais amplo que tentei iniciar em *The Question Concerning Technology in China*. Para além disso, também precisamos prestar atenção ao desenvolvimento histórico do relacionamento entre *chi* e *tao*. Mais especificamente, a busca pela união entre *chi* e *tao* passou por diferentes fases ao longo da história chinesa, em resposta a crises históricas (o declínio da Dinastia Chou, a expansão do budismo, a modernização etc.); foi, ainda, amplamente discutida depois das Guerras do Ópio, em meados do século XIX, mas permaneceu como questão resolvida em função de um conhecimento muito limitado da tecnologia na época e de uma avidez por encontrar equivalências entre a China e o Ocidente. Tentei reler a história da filosofia chinesa não apenas como uma história intelectual, mas também através das lentes da episteme *chi-tao*, que visa reconstruir uma tradição de pensamento tecnológico na China. Como enfatizei em outro texto, essa questão não é de modo algum exclusivamente chinesa.[30] Pelo contrário, todas as culturas devem refletir sobre a questão da cosmotécnica a fim de que surja uma nova cosmopolítica, uma vez que, para superarmos a modernidade sem recair em guerras e no fascismo, parece-me necessário nos reapropriar da tecnologia moderna através da estrutura renovada de uma cosmotécnica

30 Y. Hui, "For a Philosophy of Technology in China: Geert Lovink Interviews Yuk Hui", in *Parrhesia*, n. 27, 2017, pp. 48-63.

que consista em diferentes epistemologias e epistemes. Por isso, este não é um projeto de substancialização da tradição, como no caso de tradicionalistas como René Guénon ou Aleksandr Dugin; o objetivo aqui não é recusar a tecnologia moderna, mas analisar a possibilidade de futuros tecnológicos diferentes. O Antropoceno é a planetarização das composições (*Gestell*), e a crítica de Heidegger à tecnologia é hoje mais significativa do que nunca. A globalização unilateral que chegou ao fim está dando lugar a uma competição de acelerações tecnológicas e às tentações da guerra, da singularidade tecnológica e dos sonhos (ou delírios) transumanistas. O Antropoceno é um eixo de tempo global e de sincronização que tem como base essa visão do progresso tecnológico rumo à singularidade. Recolocar a questão da tecnologia é recusar esse futuro tecnológico homogêneo que nos é apresentado como a única opção.

O autor gostaria de agradecer a Pieter Lemmens e a Kirill Chepurin pelos comentários feitos sobre as primeiras versões deste ensaio.

2

SOBRE A CONSCIÊNCIA INFELIZ DOS NEORREACIONÁRIOS

1
A DECADÊNCIA DO OCIDENTE... OUTRA VEZ?

Em seu texto para a conferência "Política e Apocalipse", de 2004, dedicada ao teórico e antropólogo francês René Girard, Peter Thiel escreveu que o 11 de Setembro assinalou o fracasso do legado iluminista. O Ocidente precisava de uma nova teoria política capaz de salvá-lo de uma nova configuração mundial exposta a um "terrorismo global" que "operava por fora de todas as regras do Ocidente liberal".[1] Thiel admite que o Ocidente tenha incorporado as doutrinas e os valores da democracia e da igualdade, para logo argumentar que tais doutrinas e valores o fragilizaram.

Esse tipo de afirmação da obsolescência do Iluminismo caracteriza a principal atitude dos neorreacionários, cujos representantes de maior destaque são Mencius Moldbug (pseudônimo de Curtis Yarvin, cientista da computação e empreendedor de start-ups do Vale do Silício) e o filósofo britânico Nick Land. Se Thiel reina soberano, então Moldbug e Land são seus escudeiros, prontos para defender certas comunidades nas cercanias do Reddit e do 4Chan.[2] Os três estão relacionados. Ao longo da última década, o blog de Moldbug, Unqualified Reser-

1 Peter Thiel, "The Straussian Moment", in Robert Hamerton-Kelly (org.). *Politics and Apocalypse – Studies in Violence, Mimesis, and Culture*. East Lansing: Michigan State University Press, 2007, pp. 189–218.

2 Duas plataformas digitais baseadas em maior anonimato dos usuários, nas quais o foco não está em compartilhar informações pessoais (como em redes sociais como o Facebook ou o Instagram), mas em estabelecer discussões em torno de interesses comuns. Muitas vezes, o anonimato propiciado por essas plataformas favorece a disseminação de discursos de ódio e de teorias da conspiração, como no exemplo recente do movimento QAnon, originado no 4Chan em 2017. [N. T.]

vations [Ressalvas Irrestritas], inspirou os trabalhos de Land, e a Tlon, uma de suas start-ups, é financiada por Thiel – que, por sua vez, é um conhecido investidor de risco, responsável pela fundação do PayPal e da Palantir, além de membro do gabinete de transição de Donald Trump. O Urbit, principal produto da Tlon, propõe um protocolo alternativo à estrutura centralizada cliente-servidor que domina as redes contemporâneas, de modo a permitir uma descentralização baseada em computação em nuvens privadas – o chamado "sistema operacional pós-singularidade". O objetivo dos neorreacionários pode ser sintetizado no questionamento proposto por Thiel na parte final de seu artigo:

> o Ocidente moderno deixou de acreditar em si mesmo. Nos períodos iluminista e pós-iluminista, essa perda de confiança liberou forças comerciais e criativas enormes. Mas, ao mesmo tempo, essa perda de confiança também tornou o Ocidente vulnerável. Haveria algum modo de fortalecer o Ocidente moderno sem acabar por destruí-lo, alguma forma de não colocar tudo a perder?[3]

Penso que o questionamento de Thiel exemplifica a condição que Hegel certa vez diagnosticou como "consciência infeliz", conceito cuja compreensão é útil para que possamos entender os neorreacionários.[4] Como a história, para Hegel, é um longo encadeamento de movimentos necessários do Espírito

3 P. Thiel, op. cit., p. 207.

4 A referência à "consciência infeliz" tem como objetivo sugerir que o pensamento neorreacionário é uma forma de ceticismo que não consegue olhar para fora de si mesma, de modo similar ao que Hegel afirmava em sua discussão sobre o estoicismo e o ceticismo na *Fenomenologia do Espírito*. Hegel via o ceticismo como uma duplicação da autoconsciência, um aspecto essencial do Espírito que ainda não alcançou

em direção à consciência-de-si absoluta, há uma série de paradas ou estações ao longo do caminho – como do judaísmo para o cristianismo, por exemplo, e assim por diante. A consciência infeliz é o momento trágico em que a consciência percebe a contradição no âmago de sua natureza até então despreocupada ou mesmo cômica. O que a consciência-de-si pensava que fosse finalizado e inteiro se revela inacabado e fragmentado. Ela reconhece o Outro do eu como uma contradição, enquanto, ao mesmo tempo, não sabe como suprassumi-lo. Hegel escreve:

> [...] essa consciência infeliz constitui o reverso e o complemento da consciência completamente feliz dentro de si [...]. Ao contrário, a consciência infeliz é o destino trágico da *certeza de si mesmo*, que deve ser em si e para si. E a consciência da perda de toda a *essencialidade nessa certeza de si*; e justamente da perda desse saber de si [...]. E a dor que se expressa nas duras palavras: *Deus morreu*.[5]

O recurso de Hegel à linguagem afetiva da perda não é uma coincidência, pois a consciência infeliz, como o nome sugere, é dominada, e até mesmo esmagada, por sentimentos dos quais ela não pode escapar. No judaísmo, afirma Hegel, há o desenvolvimento de uma dualidade de extremos na qual a essência está para além da existência e na qual Deus está fora do homem, que é abandonado no inessencial. No cristianismo, a unidade entre o imutável e o específico vem à tona na figura do Cristo como Deus encarnado; essa unidade, no entanto, não vai além da sen-

a unidade: Georg Wilhem Friedrich Hegel, *Fenomenologia do Espírito* [1807], trad. Paulo Meneses. Petrópolis: Vozes, 2003, p. 159.
5 Ibid., p. 504.

sação carente-de-pensamento.[6] A consciência infeliz pressente a participação do universal no particular sem, no entanto, compreendê-la – o que torna essa dualidade contraditória intransponível, já que permanece apenas como sentimento, e não como conceito. Como Jean Hyppolite explica:

> [O objeto da consciência infeliz] é [...] a unidade do imutável e do singular, mas não se relaciona com sua essência de modo pensante: ela é o sentimento dessa unidade, ainda não é o conceito. Por isso, sua essência ainda lhe é estranha [...]. O sentimento que essa consciência tem do divino, porque é só sentimento, é um sentimento esfacelado.[7]

Para os neorreacionários, o Iluminismo em geral – e a democracia em particular – se mostra como um Outro alienado do eu. É ao mesmo tempo remédio e veneno, ou, mais precisamente, um *pharmakon*, no sentido grego da palavra. Apesar disso, a consciência da contradição ainda é um sentimento, e as tentativas de escapar desse sentimento abrem uma trilha patológica em direção a uma melancolia mais profunda ou a um abismo ilusório de *Schwärmerei* [arrebatamento] de pensamento especulativo. Thiel cita *A decadência do Ocidente*, de Oswald Spengler, para descrever esse eu contraditório e para enquadrar o 11 de Setembro como seu símbolo definitivo. Em *Jahre der Entscheidung* [Anos decisivos], o próprio Spengler ligava esse sentimento de inquietação a um "espírito prussiano" por ele visto como "a salvação da raça branca":

6 Cf. Jean Hyppolite, *Gênese e estrutura da Fenomenologia do espírito de Hegel*, trad. Sílvio Rosa Filho. São Paulo: Discurso Editorial, 1999, p. 217.

7 Ibid., p. 222.

A "raça" celto-germânica tem a força de vontade mais poderosa que o mundo já viu. Mas esse "eu quero", "eu quero!" [...] desperta a consciência do isolamento total do Eu no espaço infinito. Vontade e solidão são, no fundo, a mesma coisa [...]. Se existe algo no mundo que pode ser chamado de individualismo, é esse desafio que o individual lança ao mundo inteiro, a consciência da própria e indestrutível vontade, o prazer que extrai das decisões irreversíveis e o amor ao destino [...]. Ser prussiano é submeter-se por vontade própria.[8]

É fácil enxergar a adoção pelos neorreacionários da ideia do alegado declínio do Ocidente como a repetição de momentos históricos conhecidos: em especial, o ataque ao Iluminismo radical na virada do século XVIII, de um lado, e, de outro, o surgimento de um modernismo reacionário na Alemanha entre a Primeira e a Segunda Guerra Mundial que casava Romantismo e tecnologia e, ao final, fundiu-se com o nacional-socialismo. É importante manter essa repetição em mente para que possamos entender as táticas e a retórica usadas pelos neorreacionários – estejam eles conscientes ou não dessas histórias –, nem que seja para compreendermos em que, para eles, constitui o declínio do Ocidente e por que o Iluminismo se revela como fonte de infelicidade.[9] Se os neorreacionários rejeitam o Iluminismo, essa é uma rejeição estranha e bastante específica.

8 Oswald Spengler, *The Hour of Decision: German and World-Historical Evolution* [1934]. Honolulu: University Press of the Pacific, 2002, pp. 142–45.

9 Cf. Philip Sandifer, *Neoreaction A Basilisk – Essays on and around the Alt-Right*. Scotts Valley: CreateSpace, 2017. O livro detalha o surgimento dos neorreacionários e de seus principais pensadores, como Eliezer Yudkowsky, Nick Land e especialmente Mencius Moldbug. Tratarei de uma abordagem diferente neste ensaio.

2
CRÍTICAS DO ILUMINISMO

Depois do 11 de Setembro, Thiel previu um aumento na segurança dos aeroportos americanos e um exame mais minucioso na entrada de imigrantes. Essas políticas atingiram um novo grau de intensidade com a proibição de entrada de viajantes imposta pelo governo Donald Trump – o produto da "democracia americana" que atordoou até mesmo Francis Fukuyama, que afirmou recentemente, como um autêntico hegeliano, que "há vinte anos, eu não tinha uma ideia ou uma teoria sobre como democracias poderiam regredir".[10] Entretanto, a questão vai muito além da democracia americana: o "Estado de exceção", termo usado para descrever medidas de emergência, como proibições de viagem, banaliza-se ao extremo quando Trump executa o que já não é de modo algum excepcional, mas apenas a manifestação rotineira do poder soberano de modo que remetem aos monarcas absolutistas dos séculos XVI, XVII e XVIII. O retorno à monarquia defendido pelos neorreacionários se coloca como um ataque aos valores iluministas de democracia e igualdade, que são por eles entendidos, respectivamente, como degenerativo e limitante. Em uma série de postagens do blog intitulado "The Dark Enlightenment" [O Iluminismo das Trevas] – que virou uma espécie de clássico neorreacionário –, o filósofo britânico Nick Land louvou os divinos Moldbug e Thiel pela franqueza com que declararam a morte dos deuses antigos. No lugar deles, encontramos o deus da liberdade – cujo próprio reinado, no entanto, não está de todo desprovido de raios de luz.

10 Ishaan Tharoor, "The Man who Declared the 'End of History' Fears for Democracy's Future", *Washington Post*, 9 fev. 2017.

Land cita "The Education of a Libertarian" [A educação de um libertário], o ensaio de Thiel de 2009, famoso pela afirmação: "Não acredito mais que liberdade e democracia sejam compatíveis".[11] Mas o que significa dizer que democracia e liberdade não são compatíveis? Thiel defende que os libertários se enganam ao pensar que a liberdade possa ser alcançada por meio da política (democracia), quando na verdade o único caminho para a implementação do projeto libertário seria pela superação capitalista da política via exploração extensiva do ciberespaço, do espaço sideral e dos oceanos. A democracia é o que impede a concretização da liberdade, escreve Land, que sugere que essa forma de governo não passa de um mito do Iluminismo:

> Na Antiguidade clássica europeia, a democracia era reconhecida como uma das fases do desenvolvimento político cíclico, fundamentalmente decadente em sua natureza e antecedente a uma passagem para a tirania. Hoje, essa noção clássica foi esquecida e substituída por uma ideologia democrática global a que falta toda e qualquer autorreflexão crítica, uma ideologia afirmada não como uma tese social-científica verossímil, mas mais como uma crença religiosa de um tipo específico e historicamente identificável.[12]

Land e Moldbug também levantam questionamentos quanto a alternativas que, na linha de Thiel, requerem "a cura da democracia, assim como a Europa oriental se vê se curando do comu-

11 Disponível em cato-unbound.org/2009/04/13/peter-thiel/education-libertarian.

12 Nick Land, "The Dark Enlightenment". Todos os trechos citados a seguir são desse texto, salvo quando indicada outra fonte.

nismo". Em "An Open Letter to Open-Minded Progressives" [Uma carta aberta a progressistas de cabeça aberta], Moldbug narra a própria transição de progressista para jacobita.[13] Ele rejeitou o politicamente correto e a cortesia dos progressistas ao propor a instrumentalização de Hitler e do pensamento reacionário do fascismo. Essa é uma forma de crítica ideológica que descende do pensamento de esquerda radical sobre o que acontece quando ideias e práticas são institucionalizadas. É na "Catedral" – como Moldbug chama a atual igreja do politicamente correto – que a ética e o dogma se sobrepõem. Mas, enquanto para a esquerda não acadêmica esse dogma é ineficaz e benigno, para os neorreacionários ele aparece como ameaça existencial; o politicamente correto se torna uma ameaça tóxica à civilização ocidental.

Essa crítica ao Iluminismo encontra ressonância no debate que se intensificou durante o Século das Luzes europeu. De um lado, estavam pensadores radicais, como Diderot, D'Holbach, Jefferson e Priestley – filósofos e unitaristas que atacavam a Igreja e a monarquia, e viam o progresso da razão como a concretização do universalismo. Do outro, estavam pensadores iluministas moderados, como Ferguson, Hume e Burke, que defendiam a ordem social monárquico-aristocrática.[14] O Iluminismo, ao que parece, não tinha nenhum compromisso original com a democracia. Pelo contrário, o tema esteve em discussão desde o começo.

13 O jacobitismo foi um movimento político que se desenrolou na Grã-Bretanha nos séculos XVII e XVIII e que lutava pela restauração do direito divino dos monarcas.

14 Cf. Jonathan Israel, *A Revolution of the Mind: Radical Enlightenment and the Intellectual Origins of Modern Democracy*. Princeton: Princeton University Press, 2010.

As referências frequentes que Moldbug faz ao cameralismo de Frederico, o Grande,[15] aprofundam ainda mais essa crítica e servem de exemplo da confusão de sentimentos vivida pela consciência infeliz. Em um dado momento, Moldbug se define com jacobita, defende o direito divino dos reis e propõe um novo cameralismo em que o Estado seja visto como uma empresa – uma visão que, aparentemente, agradou à gestão Trump. Em outras ocasiões, ele ignora o fato de que o Iluminismo era praticamente uma marca registrada do velho Fritz – Frederico não só adotava a teoria do contrato social em detrimento do direito divino dos monarcas, como escrevia ensaios famosos sobre o "despotismo esclarecido" e dizia: "minha ocupação principal é combater a ignorância e o preconceito [...], esclarecer mentes, cultivar a moralidade e fazer com que as pessoas sejam tão felizes quanto seja adequado à natureza humana e conforme os meios à minha disposição permitam". Frederico chegou a oferecer abrigo a Voltaire quando o filósofo se meteu em problemas com a Igreja. E, como era de esperar, é claro que os neorreacionários se enxergam como muitos Voltaires contemporâneos em combate com a atual igreja do politicamente correto. Daí a consciência infeliz estar atolada entre uma percepção das contradições do Iluminismo e as possibilidades de sua transcendência: para os neorreacionários, o Iluminismo deu, o Iluminismo levou. O sintoma visível dessa doença é o uso de uma ironia implacável, como observado por Land:

15 Ciência de administração empregada na Prússia ao longo dos séculos XVIII e XIX que se caracterizava por interferências robustas em uma economia centralizada a fim de favorecer, em primeiro lugar, os interesses do Estado. [N. T.]

> Lido sem um gosto pela ironia, Mencius Moldbug é quase intolerável e, certamente, ininteligível. Seus escritos são moldados por amplas estruturas de ironia histórica que, algumas vezes, chegam até a soterrá-los. De que outro modo um proponente de configurações tradicionais da ordem social – um autodeclarado jacobita – conseguiria compor uma obra tão teimosamente dedicada à subversão?

Mas é precisamente essa contradição que faz a consciência neorreacionária tão infeliz, à medida que Land e Moldbug permitem que seus sentimentos de luto e de perda sejam privilegiados em detrimento dos difíceis protocolos da razão que, no entanto, são por eles citados com uma compulsão digna de Freud. Moldbug deseja o autoritarismo dos jacobitas ao lado da economia política dos *whigs*, e, se isso não faz sentido, então paciência, porque com certeza alguém está sofrendo *bullying* da Catedral em algum lugar na internet. Pelo menos Land, sendo o bom veterano da academia que é, sabe que é preciso evitar o atoleiro das preocupações fastidiosas com a fidelidade histórica – e, conforme as postagens no The Dark Enlightenment se seguem, podemos quase sentir que Land se afasta discretamente de Moldbug. Depois de papaguear clichês de um catecismo libertário, Land logo se lança rumo a seu verdadeiro objetivo: expor a consciência contraditória dos blogueiros progressistas – um território bastante fértil, com certeza, ainda que bem abaixo de seu escalão como pensador. É significativo que neste ponto Land tenha invertido a ordem das coisas: o redirecionamento da crítica que filósofos radicais faziam dos pensadores monarquistas do Iluminismo contra eles mesmos, com a denúncia habilidosa (e levada a cabo, na mesma linha de Moldbug, através do suposto caráter universal do protestantismo radical) da hipocrisia e da contradição demonstradas pelo radicalismo iluminista – e isso nos termos dos próprios roteiros e gestos:

> Sob essa análise, o que se tem como razão universal, capaz de determinar a direção e o sentido da modernidade, revela-se como um ramo ou subespécie minuciosamente determinado de uma tradição cúltica que descende dos "*ranters*" e dos "*levellers*"[16] e de variantes intimamente relacionadas com o fanatismo dissidente e ultraprotestante – e que deve infinitamente pouco às conclusões de estudiosos.

Esse ataque às políticas social-democratas como consequência da institucionalização iluminista é, na verdade, um retorno aos pensadores conservadores do Iluminismo: uma negação da negação. Land incorpora o retorno do recalcado mesmo quando nos alerta sobre esse processo:

> A questão básica tem sido o controle da mente, ou a supressão dos pensamentos, como demonstrado pelo complexo midiático-acadêmico que domina as sociedades ocidentais contemporâneas – e a que Mencius Moldbug chama "a Catedral". Coisas oprimidas raramente desaparecem. Em vez disso, elas são deslocadas, fogem rumo ao abrigo das sombras e algumas vezes se transformam em monstros. Hoje, conforme as amarras da ortodoxia supressiva da Catedral se afrouxam, uma era de monstros se aproxima de várias maneiras e em diversos sentidos.

16 Os *ranters* e os *levellers* compuseram os grupos dissidentes ingleses que, ao lado de uma série de outros movimentos ao longo dos séculos XVII e XVIII, visavam se separar da Igreja da Inglaterra. Os *ranters* possuíam orientação panteísta e negavam a autoridade da Igreja e das Escrituras – o que levava, ainda, à defesa do fim das hierarquias sociais e da propriedade privada; os *levellers* (também chamados "niveladores") acreditavam em direitos naturais derivados da lei de Deus, como a soberania popular, o direito ao voto, a tolerância religiosa e a igualdade. [N. T.]

Esse tipo de complexidade é parte da razão por que é fácil demais simplesmente acusar os neorreacionários de racistas – embora a maioria deles provavelmente o seja. Essa rejeição do Iluminismo vem de uma "consciência-de-si" que ainda não apreendeu um conceito unificado de sua contradição. Mais do que confrontar a dura verdade de que o Deus deles nunca existiu, os neorreacionários se lançam numa tentativa de matá-Lo através da sabotagem da Catedral e da busca pela desterritorialização absoluta. A vontade dirigida a uma mudança tão radical os deixa com a ilusão de que existe uma bela história do outro lado do mundo e com especulações elaboradas sobre uma superinteligência que protegerá os seres humanos da política. A celebração que Land faz de cidades asiáticas como Xangai, Hong Kong ou Cingapura, por exemplo, não passa de uma observação distanciada que projeta nesses lugares uma vontade comum de sacrificar a política em favor da produtividade. Frequentemente a descrença com a política faz com que o Ocidente se sinta atraído pelas promessas de utopia tecnocomercial despolitizada da Ásia oriental; o sinofuturismo passou a ser o modelo para a mudança radical. Por "sinofuturismo" nos referimos à ideia de que a China tem sido capaz de importar a ciência e a tecnologia ocidentais sem encontrar resistência, enquanto no Ocidente, conforme se imagina, qualquer invenção tecnológica ou descoberta científica relevante estarão sempre limitadas e serão desaceleradas pelo politicamente correto da Catedral. Não é de surpreender que Milton Friedman, que considerava Hong Kong um experimento econômico neoliberal imaginado por ele e pelo escocês John Cowperthwaite (o secretário das Finanças de Hong Kong nos anos 1960), tenha feito as mesmas observações ao escrever no ensaio "The Hong Kong Experiment" [O experimento Hong Kong] que a economia da cidade era superior à americana graças à capacidade de funcionar sem nenhum "capricho da política".[17]

Esse desejo por produtividade é coerente com a premissa neoliberal de que uma despolitização tecnocomercial seria necessária para salvar o Ocidente. Mas salvar *do quê*? Tendo a acreditar que a ascensão dos neorreacionários revela o fracasso de uma universalização apresentada como globalização que vem desde o Iluminismo, mas por uma razão muito mais nuançada. Para os neorreacionários, a igualdade, a democracia e a liberdade propostas pelo Iluminismo e pela universalização por ele pregada levaram a uma política improdutiva marcada pelo politicamente correto. Seria necessário, portanto, "tomar a pílula vermelha"[18] para renunciar a essas causas e procurar por outra configuração, seja ela política em aparência ou apolítica em essência. O pensamento neorreacionário como consciência infeliz é um protesto em face de uma transformação dialética da globalização.

3
A CONSCIÊNCIA INFELIZ NEORREACIONÁRIA

Independentemente da vertente cristã que lhe atribuamos, o universalismo continua a ser um *produto* intelectual do Ocidente. Na verdade, nunca houve universalismo (não até agora, pelo menos),

17 Milton Friedman, "The Hong Kong Experiment" *National Review*, December 31, 1997.

18 Expressão frequentemente utilizada por grupos reacionários em fóruns on-line e redes sociais em referência ao filme *Matrix*, em que o protagonista Neo deve decidir entre tomar duas pílulas: a azul, capaz de mantê-lo na ignorância e no conformismo, ou a vermelha, que pode torná-lo consciente da realidade oculta por forças externas. [N. T.]

mas apenas uma universalização (ou sincronização) – um processo de modernização possibilitado pela globalização e pela colonização. Isso cria problemas para a direita e também para a esquerda, o que torna extremamente difícil reduzir a política a essa dicotomia tradicional. A modernização reflexiva descrita ao longo do século XX por sociólogos proeminentes como uma mudança da modernidade inicial do Estado-nação para uma segunda modernidade caracterizada pela reflexividade parece discutível logo de saída. A reflexividade, situada em um "aumento da percepção de que um controle maior é impossível", não é uma negociação constante a favor das diferenças, mas aparenta ser apenas um modo de universalização por meio de outros métodos que não a guerra.[19] Isso não impede o retorno dos Estados-nação ou das monarquias, aliás, que em todo caso nunca desapareceram – veja-se a Casa de Saud, cujo apoio aos terroristas do 11 de Setembro é bem conhecido.

O processo de universalização funciona de acordo com diferenças de poder: o poder tecnologicamente mais forte exporta conhecimento e valores para o mais fraco e, como consequência, destrói interioridades. O paleontólogo francês André Leroi-Gourhan ilustra esse processo de modo muito atrativo no livro *Milieu et techniques* [Ambiente e técnica], de 1945. Nele, o autor define um "ambiente técnico" como uma membrana que separa a interioridade e a exterioridade de diferentes grupos étnicos. As diferenças no desenvolvimento tecnológico definem em grande medida as fronteiras entre as diferenças de cultura e poder. Como hoje é evi-

19 Bruno Latour, "Is Re-modernization Occurring – And If So, How to Prove It?", *Theory, Culture & Society*, v. 20, n. 2, 2003, pp. 35–48; Ulrich Beck, Wolfgang Bonss e Christoph Lau, "The Theory of Reflexive Modernization: Problematic, Hypotheses and Research Program", *Theory, Culture & Society*, v. 20, n. 2, 2003, p. 1.

dente, a definição das fronteiras da cultura não se dá por grupos étnicos, mas por Estados-nação e pelo etnonacionalismo. A dinâmica descrita por Leroi-Gourhan precisa ser quase toda atualizada no processo de modernização, pois esse ambiente praticamente deixou de existir – já que todos os países não ocidentais foram forçados a se adaptar ao desenvolvimento e à inovação tecnológicos constantes. Tomemos a China como exemplo: sua derrota durante as duas Guerras do Ópio levou à modernização desenfreada em que uma membrana, como a que mencionamos, se tornou insustentável na prática devido a diferenças fundamentais nas formas de pensamento e desenvolvimento tecnológicos (a membrana atual mais significativa é provavelmente a Grande *Firewall* da China,[20] cuja construção, no entanto, só foi possível graças ao Vale do Silício).

O processo de universalização tem sido amplamente unilateral e reduz o pensamento não ocidental a mero passatempo. Mesmo para Leibniz, que no século XVIII levava o pensamento chinês a sério, os logogramas eram apenas uma fonte de inspiração para a construção de uma *characteristica universalis*; em outras palavras, o pensamento chinês é apenas um caminho para o universal. A modernização que se seguiu às Guerras do Ópio foi intensificada durante a Revolução Cultural, já que a tradição – como o confucionismo – foi considerada, de maneira ingênua, um retorno ao feudalismo, o que ia contra a visão marxista de progresso da história. As reformas econômicas que tiveram início nos anos 1980, dirigidas por Deng Xiaoping, o maior aceleracionista do mundo, agilizaram ainda mais esse processo de modernização. Hoje, as tecnologias militar-industriais do Sul global estão alcançando o Ocidente e, desde o fim do século passado, passaram a reverter a uni-

20 Ações e tecnologias que visam bloquear o acesso a determinados conteúdos estrangeiros. [N. T.]

versalização unilateral da modernidade ocidental. A consciência hegeliana precisa reconhecer que o "ponto culminante e o ponto-final do processo universal" vão bem além da "própria existência berlinense" de Hegel.[21] A última aparição de tal "consciência feliz" hegeliana ocorreu quando expatriados americanos e europeus praticavam ioga na Índia, escalavam a Grande Muralha da China e desfrutavam das delícias exóticas da natureza fora dos próprios países. Atualmente, quando Xangai já não é mais barata do que Nova York e quando Trump acusa a China de roubar empregos e de destruir a economia dos Estados Unidos, essa história acabou.

A história da globalização continua, mas a consciência feliz foi superada pelas condições materiais. E não só nos Estados Unidos. Quando visitei Barcelona no ano passado, fiquei impressionado com o fato de tantos restaurantes e lojas locais serem comandados por chineses. Um amigo antropólogo que estuda os subúrbios de Barcelona me disse que a situação é ainda mais estarrecedora por lá, onde a maior parte dos bares da região são controlados por famílias chinesas. Ele destacou que veremos algo significativo ocorrer nas próximas décadas em razão de mudanças demográficas – e isso sem mencionar a questão dos refugiados do Oriente Médio e do norte da África. Precisamos lembrar que os limites à globalização não foram traçados pela mentira iluminista, como os neorreacionários afirmam, mas são apenas a manifestação de um *zeitgeist* no qual a colonização, a industrialização e o nascimento da economia se sobrepõem. A nova configuração da globalização revela, agora, o seu Outro – que já estava presente desde o começo, ainda que não se pensasse nele.

21 Friedrich Nietzsche, *Considerações extemporâneas* (1873-1874), Coleção Os Pensadores, trad. Rubens Rodrigues Torres Filho. São Paulo: Nova Cultural, 1999, p. 284.

Na essência, o movimento neorreacionário e a "*alt-right*" são expressões de uma ansiedade quanto ao fato de o Ocidente ser incapaz de superar a atual fase de globalização e de manter os privilégios desfrutados ao longo das últimas centenas de anos. Nick Land já admitiu isso há vinte anos, no texto "Meltdown" [Derretimento]:

> O *boom* sino-pacífico e a integração da economia automatizada global desmantelam o sistema mundial neocolonial [...] e resultam no pânico neomercantilista euro-americano, na deterioração do Estado de bem-estar social, na cancerização de enclaves de subdesenvolvimento doméstico, no colapso político e na liberação de toxinas culturais que, em um círculo vicioso, aceleram o processo de desintegração.[22]

A crítica neorreacionária expõe os limites do projeto iluminista, mas, supreendentemente, só é capaz de mostrar que o Iluminismo nunca foi realmente implementado ou, ainda, que sua história é uma narrativa de concessões e distorções.[23] A fim de evidenciar o surgimento de políticas neofascistas em escala global, devemos admitir pelo menos o seguinte: da mesma maneira que o amor de Hitler pela raça superior não foi de modo algum abalado por sua aliança com o Império japonês- de fato, foi o

22 Nick Land, "Meltdown" [1997] in *Fanged Noumena: Collected Writings 1987-2007*. New York: Urbanomic / Sequence, 2018.

23 Apenas um lembrete de que pensadores radicais como Diderot e D'Holbach eram muito céticos quanto aos princípios de *laissez-faire* econômico de Anne Robert Jacques Turgot, tidos por eles como receptivos a todos os tipos de *friponnerie* [velhacarias] e que, por isso, exigiam vigilância e intervenção governamentais rigorosas. Cf. J. Israel, op. cit., pp. 117-18.

comandante britânico de Cingapura que deixou a faixa terrestre da ilha sem defesas, por não acreditar que os japoneses, por causa dos olhos puxados, conseguiriam enxergar bem o suficiente para atacar por terra –, também o ultranacionalismo contemporâneo se constitui como um fenômeno internacional. O movimento neofascista se estende para além da Europa e dos Estados Unidos e apresenta modos diferentes de orientação do "global" e do "local". É o caso do teórico político russo autoproclamado heideggeriano Aleksandr Dugin e sua "quarta teoria política". Assim como Land, Dugin não é alguém que possa ser descreditado ou denunciado com facilidade. Sim, ele precisa ser compreendido como um reacionário de verdade. Sua quarta teoria política afirma ser capaz de ir além do fracasso das três teorias políticas anteriores: o liberalismo, o comunismo e o fascismo.[24] Se os sujeitos das três teorias políticas anteriores eram, respectivamente, o indivíduo, a classe e o Estado-nação (ou a raça), então o sujeito da quarta teoria é o *Dasein* heideggeriano.[25] O *Dasein* resiste ao desenraizamento do pós-moderno, à meia-noite, "quando o Nada (niilismo) começa a escorrer de todas as rachaduras".[26] A quarta teoria política é, de fato, uma teoria reacionária cujas raízes estão na revolução conservadora e nos movimentos fascistas (Arthur Moeller van den Bruck na Alemanha, Julius Evola na Itália), no tradicionalismo (René Guénon) e na nova direita (Alain de Benoist). Para Dugin, o global é o mundo moderno, e o local, a tradição russa.

Um fenômeno similar surgiu em cidades asiáticas como Hong Kong nos últimos anos, iniciado pelo estudioso de folclore

24 Alexander Dugin, *A quarta teoria política*, trad. Gustavo Bodaneze, Fernando Fidalgo e Raphael Machado. Curitiba: Austral, 2012, p. 55.
25 Ibid., p. 47.
26 Ibid., p. 41.

Wan Chin, que obteve o título de ph.D. em Etnologia, em Göttingen, nos anos 1990. Sua teoria de "Hong Kong como cidade-estado" tem como base um neorracismo esquisito que se volta contra os chineses continentais, com a substituição do "global" pela China e do "local" por uma mistura de história colonial e uma cultura chinesa que remonta à Dinastia Song. Pessoalmente, não sou tradicionalista, ainda que aprecie as tradições e acredite que o fracasso de todas as revoluções comunistas possa ser atribuído a uma falha em respeitar a tradição ou à incapacidade de canalizar sua força – a isso e a uma oposição entre matéria e espírito. A confrontação entre matéria e espírito leva ao niilismo, que por sua vez impele a modernização a seus extremos. Hoje, a questão não está em decidir entre abrir mão da tradição ou defendê-la, mas, antes, em como dessubstancializá-la e se apropriar do mundo moderno do ponto de vista de uma tradição dessubstancializada em termos de episteme e de epistemologia, como tentei propor em um livro recente.[27] Enfatizo *tanto* episteme *quanto* epistemologia, porque uma mudança na epistemologia ainda nos mantém na trajetória do pensamento europeu e serve apenas à diversificação e ao aperfeiçoamento do sistema técnico de homogeneização; a questão da episteme vai além, uma vez que também se refere à questão das formas de vida. Isso significa que será necessário transformar a própria tradição a fim de reapropriar a modernização tecnológica e constituir uma nova episteme. Essas nuances precisam ser destacadas com cautela, em vez de simplesmente procedermos pela subsunção do discurso a categorias claramente opostas e excludentes como direita e esquerda.

Frequentemente, críticos afirmam que "globalização" é só outro nome para capitalismo global. Distinções entre globali-

27 Y. Hui, *The Question Concerning Technology in China: An Essay in Cosmotechnics*. Falmouth: Urbanomic, 2016.

zação capitalista e globalização alternativa à parte, o silêncio do movimento antiglobalização desde o fim do milênio levou alguns autores a sugerir que acertar as contas com certa esterilidade deveria fazer com que revolucionários se libertassem das amarras da política de esquerda que mantinham "os mil fios que amarram o Gulliver da revolução ao solo".[28] Tanto revolucionários quanto neorreacionários clamam por uma política radical, ainda que em direções completamente diferentes.

4
COMO PENSAR DEPOIS DO DERRETIMENTO

De que forma, então, o Ocidente vai se salvar, como vai suprassumir a contradição da consciência infeliz? Assim como o fascismo, a reação não mostra a verdade, mas apenas permite que as pessoas se expressem. A vitória de Trump é mais ou menos uma vitória do pensamento reacionário e de direita – que, por sua vez, não oferece uma análise mais valiosa da situação, mas apenas um apelo às emoções, como Ernst Bloch se referiu certa vez à situação na Alemanha.[29] Comentaristas tentaram sugerir, com base na relação entre Thiel e Girard, que Trump e empreendedores de

28 Comitê Invisível. *Aos nossos amigos – Crise e insurreição*. São Paulo: n-1 Edições, 2016, p. 20.

29 Cf. Jeffrey Herf, *Reactionary Modernism: Technology, Culture, and Politics in Weimar and the Third Reich*. Cambridge: Cambridge University Press, 1984, p. 101 [Ed. bras.: *O modernismo reacionário: Tecnologia, cultura e política na República de Weimar e no 3. Reich*, trad. Claudio Frederico Ramos. Campinas: Unicamp, 1993].

tecnologia podem ser comparados a bodes expiatórios;[30] assim como o *pharmakos* da Grécia Antiga ou como o rei descrito por Sir James Frazer em *O ramo de ouro*, o sacrifício dos bodes expiatórios põe fim a uma crise social e política. No entanto, a figura do bode expiatório é análoga à da "pílula vermelha": trata-se apenas de uma tática retórica que apresenta suas tendências reacionárias como verdades ocultas. O sacrifício do bode expiatório é uma redefinição do amigo e do inimigo, o que é bastante claro na posição de Trump quanto às relações China-Estados Unidos-Rússia. A fim de manter uma globalização desigual e evitar os custos da guerra, bodes expiatórios reais serão sacrificados, já que são receptáculos para a ocultação da verdade em benefício de movimentos populistas. Em outras palavras, como o Ocidente conseguirá manter a globalização unilateral e conservar seus privilégios e sua supremacia? Land, que mobiliza os neorreacionários apenas como meio para o avanço de sua própria agenda biônica, não faz essa pergunta. Entretanto, não importa quanto se queira, não há como negar o fato de que o mundo de hoje já não pode mais sustentar a antiga ordem; a modernização militar do século passado tornou isso impossível.

Bloch estava certo, mas só emoção não é o bastante. Os modernistas reacionários também nos oferecem algo de substancial. Eles queriam superar a oposição entre *Natur* e *Technik*,

30 Em *De zero a um* (trad. Ivo Korytowski. Rio de Janeiro: Objetiva, 2014, p. 132), o próprio Thiel faz a comparação entre "fundadores" (empreendedores) e bodes expiatórios: "Quem constitui um bode expiatório eficaz? À semelhança dos fundadores, os bodes expiatórios são figuras extremas e contraditórias. Por um lado, um bode expiatório é necessariamente fraco; ele é impotente para deter sua própria vitimização. Por outro, como aquele capaz de acalmar o conflito recebendo a culpa, é o membro mais poderoso da comunidade".

e, assim, reconciliar *Technik* e *Kultur* (a *Kultur* era considerada o oposto da *Zivilisation*) na interioridade (*Innerlichkeit*) da cultura europeia. É também por isso que, depois de publicar *A decadência do Ocidente*, em 1922, Spengler apresentou, em 1931, *O homem e a técnica – Contribuição a uma filosofia de vida* como reafirmação de suas credenciais pró-tecnologia.[31] Hoje podemos observar como a tecnologia volta a oferecer uma visão futurista da singularidade tecnológica como solução para qualquer política pública, com uma nuance a mais no sentido de que a *Innerlichkeit* já não é mais uma preocupação central. Thiel é um investidor de risco que financiou gigantes da tecnologia como Facebook, Google e PayPal. Como ele escreve em *De zero a um*, tecnologia significa complementaridade, e "a IA [inteligência artificial] forte é como um bilhete de loteria cósmica: se ganharmos, obteremos a utopia; se perdermos, Skynet nos substituirá, acabando com a nossa existência".[32] Moldbug programou o sistema operacional Urbit, que funciona com base em princípios do libertarismo. Nick Land se interessa pela singularidade tecnológica e pela "explosão da inteligência" desde os anos 1990 e recentemente enalteceu a tecnologia de *blockchain* que está por trás do Bitcoin, a que se referiu como "capaz de solucionar o problema do espaço-tempo". Na visão de Thiel, será somente a partir de uma intervenção tecnológica invasiva que o Ocidente poderá se recuperar da democracia. O aceleracionismo de Land é o mais sofisticado dentre vários aceleracionismos – e bem mais filosófico do que sua versão de esquerda, que se baseia em um entendimento bastante superficial da tecnologia. Sua posição transumanista, no entanto, é um "universalismo" de outro tipo,

31 J. Herf, op. cit., p. 38.
32 P. Thiel, *De zero a um*, p. 109.

em que toda relatividade cultural é subordinada a uma máquina cibernética inteligente capaz de produzir um "derretimento" - uma desterritorialização absoluta e uma explosão de inteligência que capturem a força criativa da intuição intelectual no sentido kantiano do termo. Land vê a remitologização do mundo através do realismo bizarro de Lovecraft. "O sem fim [que] termina em si mesmo", uma sentença poética de sua obra ficcional *Phyl-Undhu*, sinaliza na direção de uma gênese recursiva e idealista.

A corrida pela concretização da singularidade tecnológica se tornou um dos principais campos de batalha, e a ameaça da guerra nunca foi tão iminente. Thiel já escreveu que "a competição é para os perdedores", já que é o monopólio que "produz na combinação de quantidade e preço que maximiza seus lucros".[33] A ironia está no fato de que a não política que Thiel apoia se dirige a um destino indesejável. Devemos evitar a guerra a qualquer custo. Isso não significa que devamos rejeitar por completo a possibilidade de uma superinteligência. Mas devemos resistir a nos conformarmos com um destino predefinido pelo desenvolvimento tecnológico. Precisamos urgentemente imaginar uma nova ordem mundial e agarrar a oportunidade que é oferecida pelo derretimento a fim de desenvolver uma estratégia que se oponha à despolitização e à proletarização implacáveis que são conduzidas pela fantasia transumanista de uma superinteligência.

Esse derretimento não precisa necessariamente significar o fim o mundo. Ele também pode ser abordado como uma política fundamental e como um momento filosófico em que a reestruturação em escala tanto global como local será possível graças à dissolução das velhas estruturas pelas novas tecnologias. Nas palavras de Bernard Stiegler, podemos descrever o atual

33 Id., "Competition is for Losers", *Wall Street Journal*, 12 set. 2014.

momento como uma "*epoché* digital" em que formas institucionais antigas são suspensas não apenas de modo conceitual, mas também material. A Finlândia, por exemplo, está considerando usar novas tecnologias digitais para abandonar os modos tradicionais de ensino baseado em matérias e desenvolver um currículo que resulte em mais colaboração entre professores. Esta é uma época em que novas formas de instituições educacionais podem ser criadas, em que uma "destituição" (no sentido agambeniano) pode ser levada a efeito para desmontar uma sincronização que até agora só serviu aos interesses da globalização. Essa destituição pode levar ao surgimento de epistemes diferentes daquela da sincronização hegemônica inerente à singularidade tecnológica. É uma oportunidade para desenvolver novas formas de pensar e novas estruturas que vão além dos debates atuais sobre renda básica universal e robôs taxistas. Não podemos esperar que os tecnocratas implementem esse tipo de pensamento por meio de longos relatórios da "Catedral".

Concluiremos voltando ao Iluminismo e a seu processo mundial. A filosofia é essencial para as revoluções, segundo Condorcet, já que, com um único golpe, ela altera os princípios básicos da política, da sociedade, da moralidade, da educação, da religião, das relações internacionais e da legislação.[34] Essa concepção da filosofia deve ser voltada à questão do pensar uma nova história do mundo. Talvez devêssemos atribuir ao pensamento a tarefa oposta àquela que lhe é oferecida pela filosofia iluminista: fragmentar o mundo de acordo com o diferente, em vez de universalizá-lo através do mesmo; induzir o mesmo através do diferente, em vez de deduzir o diferente a partir do mesmo. Um novo pensamento histórico-mundial precisa emergir diante do derretimento do mundo.

34 J. Israel, op. cit., p. 45.

3

O QUE VEM DEPOIS DO FIM DO ILUMINISMO?

Em junho de 2018, Henry Kissinger publicou, na revista *The Atlantic*, o artigo "How the Enlightenment Ends" [Como o Iluminismo chega ao fim]. À primeira vista, o texto parece sugerir que o advento da inteligência artificial pôs fim ao Iluminismo, à "Era da Razão". Máquinas dotadas de poder de análise e de dedução estão ultrapassando a capacidade cognitiva humana. Tecnologias enraizadas no pensamento iluminista estão tomando o lugar da filosofia que, na origem, foi o princípio fundamental delas. Diante desse fim do Iluminismo, Kissinger sugere que precisamos buscar uma nova filosofia: "O Iluminismo começou com ponderações essencialmente filosóficas, disseminadas por um novo tipo de tecnologia. Nossa época está caminhando na direção oposta. Gerou uma tecnologia potencialmente dominante que está à procura de uma filosofia que seja capaz de guiá-la".[1]

No entanto, e antes de mais nada, precisamos primeiro nos perguntar: por que razão o aumento da capacidade das máquinas necessariamente levaria ao fim do Iluminismo? E por que isso faz com que, na conclusão do artigo, o ex-secretário de Estado norte-americano exorte os Estados Unidos a priorizar as pesquisas em inteligência artificial como assunto de interesse nacional imediato?

Se começarmos pelo título do artigo, "How the Enlightenment Ends", podemos perguntar em que sentido um "projeto inacabado" (nas palavras de Jürgen Habermas) como o Iluminismo pode de fato chegar ao fim.[2] Ou será que agora Kissinger,

1 Henry Kissinger, "How the Enlightenment Ends", *The Atlantic*, jun. 2018.

2 Jürgen Habermas, "Modernity: An Unfinished Project", in Craig J. Calhoun et al. (orgs.), *Contemporary Sociological Theory*. New Jersey: Wiley-Blackwell, 2012, pp. 444–50. Originalmente publicado como

esse especialista em China, se uniu à tradição anti-iluminista de Giambattista Vico, Johann Gottfried von Herder, Edmund Burke, Thomas Carlyle, Hippolyte Taine, Ernest Renan, Benedetto Croce, Friedrich Meinecke, Oswald Spengler, às vezes Nietzsche e, mais recentemente, Nick Land - este último também um "especialista em China"? Tratarei de oferecer aqui uma resposta ao artigo de Kissinger.

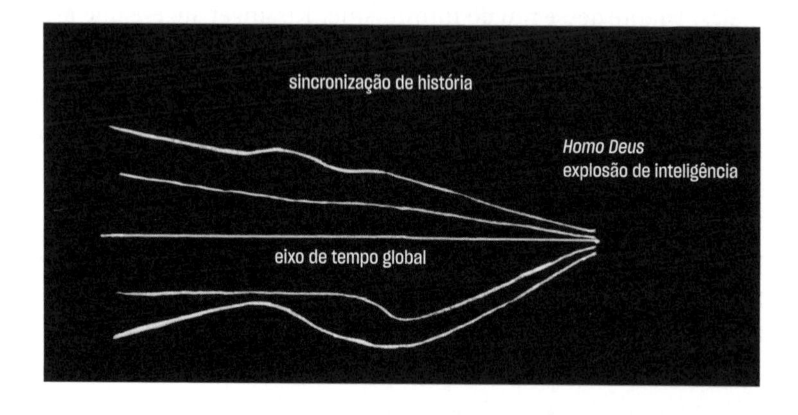

"Modernity versus Postmodernity", *New German Critique*, n. 22, 1981, pp. 3-14.

1

OS "ERROS DECISIVOS" DAS "POPULAÇÕES 'BRANCAS'"

Progressistas satisfeitos seguiram as emanações do Iluminismo até o final e descobriram que, na verdade, a luz os conduziu à escuridão absoluta. O fim surge como uma enorme surpresa: o vazio. Não seriam as palavras de Kissinger um testemunho desse fim como abismo da humanidade? Mas, quando o ex-secretário de Estado pede que cientistas da computação entendam a história da filosofia, ele o faz sem especificar qual história e qual filosofia. Kissinger descreve o sofrimento que emerge quando o apogeu da civilização ocidental é deixado para trás; Oswald Spengler chamou esse processo de "decadência" ou "queda" (*Untergang*) do Ocidente. As semelhanças entre ambos estão longe de ser uma coincidência, até porque Spengler foi o tema do trabalho de conclusão de curso que Kissinger apresentou em Harvard. Intitulada "The Meaning of History: Reflections on Spengler, Toynbee e Kant" [O sentido da História: Reflexões sobre Spengler, Toynbee e Kant], a tese abordava o determinismo e a liberdade na história a partir da descrição que Spengler faz da história como processo orgânico. Conforme Kissinger: "A vida é sofrimento, e o nascimento traz consigo a morte. A transitoriedade é a sina da existência. Nenhuma civilização atingiu a permanência até agora, e nenhum anseio foi alcançado em sua totalidade. Isso é necessário, é a fatalidade da história, o dilema da mortalidade".[3] O Iluminismo não é exceção; trata-se apenas de uma transição rumo ao destino do Ocidente. A necessidade de uma nova filosofia surge ao fim dessa transição. Contudo, é difícil identificar o que essa filosofia pode

3 Apud Gregory D. Cleva, *Henry Kissinger and the American Approach to Foreign Policy*. Lewisburg: Bucknell University Press, 1989, p. 38.

vir a ser, dada a rápida transformação da geopolítica no século XXI, impulsionada por muitos eventos notáveis – como o 11 de Setembro – que revelaram a vulnerabilidade do Ocidente e a ascensão da China, que está silenciosamente reconfigurando a ordem mundial a partir de seus planos de desenvolvimento em lugares como África, América Latina e Pacífico Sul.

Kissinger tem razão quando diz em seu artigo que a filosofia do Iluminismo era disseminada – ou, de forma mais precisa, universalizada – pela tecnologia moderna. Ele deixa de mencionar, no entanto, que o Iluminismo não foi apenas um movimento intelectual que promovia a razão e a racionalidade, mas também era essencialmente político.[4] Foram as tecnologias militares e náuticas que permitiram aos poderes europeus colonizar o mundo, levando ao que agora chamamos de globalização. Somos ensinados que o Iluminismo como um todo visava à plena realização da humanidade e de valores universais por meio da luta contra a superstição (não necessariamente a religião) e que seria pela ciência e pela tecnologia que essa batalha deveria ser vencida. Mas, para além da criação de novas ferramentas náuticas e cartográficas, o Iluminismo em si também era um processo de reorientação que situava o Ocidente no centro dessa transformação, a fonte de sua universalização.

Mesmo quando a tecnologia moderna disseminava o pensamento iluminista, seu processo de autorrealização levava à autonegação: a dialética do Iluminismo de um ponto de vista geopolítico. Em seu breve *O homem e a técnica*, Oswald Spengler afirma que o Ocidente estava cometendo um erro enorme ao exportar sua tecnologia:

4 Zeev Sternhell, *The Anti-Enlightenment Tradition*, trad. David Maisel. New Haven: Yale University Press, 2010, p. 2.

> Nos anos finais do século passado, uma vontade de poder cega começou a cometer erros fatais. Em vez de guardarem aquele conhecimento técnico que constituía o maior de seus patrimônios estritamente para si mesmos, os povos "brancos" o ofereceram com complacência para o mundo inteiro, em cada universidade, de forma verbal ou escrita, e se deleitaram com a reverência espantada demonstrada pelos indianos e pelos japoneses.[5]

Como resultado, continua Spengler, os japoneses se tornaram "técnicos de primeira, e, durante a guerra contra a Rússia [1904-05], revelaram uma superioridade técnica que ensinou muito a seus professores".[6] O Japão expôs o dilema da globalização tecnológica: de um lado, a disseminação da tecnologia constrói um eixo de tempo global ao longo do qual a modernidade europeia se torna a métrica de todas as civilizações; de outro, essa mesma disseminação faz com que a ciência e a tecnologia modernas deixem de ser ativos exclusivos da modernidade europeia, tornando o Ocidente vulnerável à competição global. Como Hegel apontou em *Fenomenologia do Espírito*, a fé iluminista substituiu a fé religiosa sem de fato se concretizar, permanecendo, assim, nada mais que uma fé. Dessa maneira, o pensamento iluminista nos faz percorrer a longa estrada da globalização ao mesmo tempo que é derrotado pela própria negação. Essa seria uma crítica pós-colonial perfeita do Ocidente; a história, no entanto, não é tão simples.

5 Oswald Spengler, *Man and Technics: A Contribution to a Philosophy of Life* [1931]. Santa Barbara: Greenwood Press, 1967, pp. 100-01 [Ed. bras.: *O homem e a técnica: Contribuição a uma filosofia da vida*, trad. Erico Verissimo. Porto Alegre: Meridiano, 1941].

6 Ibid., p. 101.

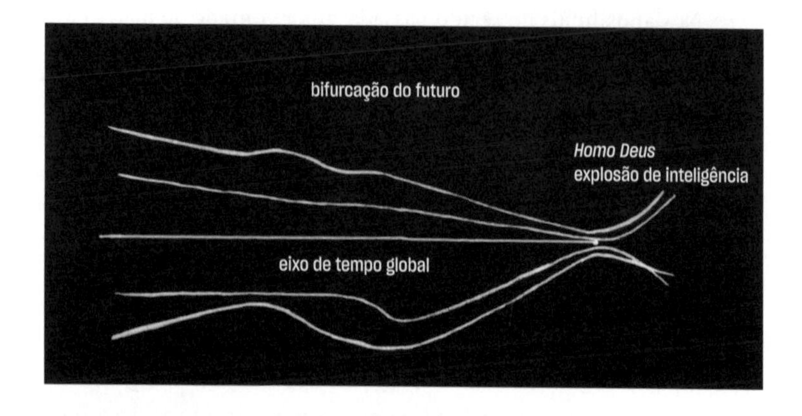

2
A CONSTITUIÇÃO DO EIXO DE TEMPO GLOBAL E SEU FIM APOCALÍPTICO

Kissinger está errado – o Iluminismo não terminou. Na verdade, a mesma tecnologia que é usada para a vigilância também pode facilitar a liberdade de expressão, e vice-versa. Afastemo-nos, contudo, dessa leitura antropológica e utilitária da tecnologia e tomemos a tecnologia moderna como constituinte de formas específicas de conhecimento e de racionalidade.[7] A tecnologia moderna – a base de apoio da filosofia do Iluminismo – se transformou em sua própria filosofia. Assim como acontece em "o meio é a mensagem", de Marshall McLuhan, também a força universalizante da tecnologia se tornou o projeto político do Ilu-

7 Aliás, como sugerem Martin Heidegger e Gilbert Simondon em seus escritos. Cf. Heidegger, "The Question Concerning Technology" [1953], in *The Question Concerning Technology and Other Essays*, trad. William Lovitt. New York: Garland, 1977, pp. 3-35; e Simondon, "Culture et technique" [1965], in *Sur la technique*. Paris: PUF, 2014, pp. 315-30.

minismo. Conforme a tecnologia adquire e até mesmo executa o pensamento iluminista, o meio deixa de ser o condutor do sentido e, em vez disso, *torna-se ele mesmo o sentido* – o conhecimento por meio do qual o progresso é assegurado. A democracia, celebrada como um valor inabalável do Ocidente por tanto tempo, parece ter tido sua hegemonia transformada em piada após a vitória de Donald Trump. De repente, a democracia americana não parece diferente de um populismo de araque. Concordar com Kissinger sobre o fato de que o período do pensamento iluminista chegou ao fim e levou consigo o republicanismo a que Kant aspirava pode ser tentador, sobretudo quando o líder do Partido Republicano declara em público sua admiração pela ditadura de Kim Jong-un.

Mas não podemos nos dar por satisfeitos com uma caricatura tão ingênua do Iluminismo. É injusto afirmar que escritores como Voltaire tenham insistido apenas no valor superior do Ocidente sem prestar atenção às diferenças culturais. Voltaire elogiava, por exemplo, a grandeza da cultura quadrissecular da China e de seu imperador, que também era um especialista em astronomia.[8] Pode parecer espantoso, mas Johann Gottfried von Herder fez desse interesse uma arma contra Voltaire e o utilizou para acusá-lo de falta de sensibilidade às diferenças culturais, de uma predisposição a aplicar a classificação e a generalização do método científico a outras culturas.[9] É verdade, no entanto, que as diferenças culturais tinham menos implicações políticas para Voltaire do que para Herder.

8 Cf. Z. Sternhell, op. cit., p. 284.

9 Cf. Isaiah Berlin, *Vico and Herder: Two Studies in the History of Ideas*. Viking Press: 1976, p. 155.

Como corretamente apontado por Kissinger, os valores universais propostos pelos *philosophes* só puderam se disseminar pelo mundo graças à tecnologia moderna. Ao mesmo tempo, essa mesma tecnologia pôs fim (ou deu por concluído) ao Iluminismo e agora está tomando os próprios rumos e dando vazão à necessidade de uma nova filosofia-guia. Como essa nova filosofia poderia ser? Uma filosofia transumanista? Uma revolução conservadora eurasiana? Um aceleracionismo à Nick Land ou talvez sua versão de esquerda – ambos fundados em uma esperança de superação do capitalismo pela aceleração de suas contradições até a autodestruição? Henri de Saint-Simon acreditou certa vez que a aceleração da industrialização e o aprimoramento das redes de transporte tornariam o socialismo possível, já que os recursos e as mercadorias passariam a ser mais bem distribuídos.[10] No ensaio "Paris, capital do século XIX", Walter Benjamin aponta para o fato de que os seguidores de Saint-Simon "previram o desenvolvimento da indústria mundial, mas não a luta de classes".[11] Uma linha férrea bem construída pode acabar aprofundando desigualdades, porque pode ser usada para distribuir recursos capitalistas de modo mais eficiente. Nesse sentido, a aceleração não passa de uma forma de fazer o universalismo iluminista avançar ainda mais. De que modo a aceleração da tecnologia levaria ao fim do capitalismo, se a partir dela são criados apenas novos processos de desterritorialização? Alguém poderia argumentar a favor de uma desterritorialização absoluta, mas

10 Cf. Pierre Musso, "Aux origines du concept moderne: Corps et réseau dans la philosophie de Saint Simon", in *Quaderni*, n. 3, 1987–88, pp. 11–29.

11 Walter Benjamin, "Paris, capital do século XIX", in *Passagens (1927–1940)*, trad. Cleonice Paes Barreto Mourão e Irene Aron. Belo Horizonte: Editora UFMG, 2018, p. 57.

isso seria como se Hegel chegasse pelas costas de Deleuze e lhe desse um filho monstruoso. Há quem diga que a tecnologia já superou o capitalismo em si, mas essa afirmação parte do pressuposto de que o capitalismo é uma criatura antropomorfizada e que pode ser perturbada e tornada obsoleta graças à tecnologia, como um senhor que precisa reaprender a enviar e-mails depois de trocar um PC por um Mac.

Como um aparte, é preciso admitir que a aceleração tecnológica é historicamente necessária para a globalização, já que países não ocidentais só puderam adentrar a arena geopolítica dominada pelo Ocidente a partir da criação de um amálgama de alto custo-benefício entre tecnologia moderna, mão de obra barata e natureza barata [*cheap nature*]. Tanto André Leroi-Gourhan como Gilbert Simondon ressaltam que grupos com tecnologias industriais avançadas conseguiram potencializar sua influência sobre grupos com tecnologias pré-industriais.[12] Sobretudo para Simondon, a revolta de grupos minoritários contra a tecnologia em nome da cultura se baseia em uma leitura equivocada do papel da tecnologia, já que ele enxerga na tecnologia uma racionalidade que transcende os limites das diferenças culturais. Mais importante ainda, Simondon tem esperança de que o aperfeiçoamento tecnológico resultará em novas perspectivas para o enfrentamento do problema da alienação e do antagonismo entre cultura e tecnologia. A questão, no entanto, é bem mais complicada do que o otimismo de Simondon parece disposto a admitir. Nos processos de colonização e de modernização, as diferenças tecnológicas também preservam e reforçam diferenças de poder.

Mas e se essa situação tiver se revertido hoje em dia, quando, nas palavras de Spengler, o Ocidente foi, ou pelo menos aparenta

12 G. Simondon, op. cit., pp. 318–19.

ter sido, ultrapassado por seus discípulos - um abismo que só vai se aprofundar daqui para a frente? Tomemos a China como exemplo. As políticas aceleracionistas de Deng Xiaoping alçaram a China a um papel de liderança no novo milênio; Shenzhen se transformou no Vale do Silício chinês e em um dos experimentos urbanos mais insólitos do mundo. É pela aceleração tecnológica e pelo triunfo econômico que a acompanha que agora testemunhamos o mais novo arranjo político a emergir após a Guerra Fria: a superação do Ocidente pela inovação e pela automação digitais do Oriente. É por essa razão que Donald Trump afirmou que a China estava roubando empregos nos Estados Unidos: empregos que antes eram transferidos para a China em razão do custo mais baixo de mão de obra agora estão sendo dominados por máquinas.

Essa aceleração tecnológica não se caracteriza como ruptura, mas como continuação do Iluminismo. O artigo de Kissinger ignora o fato de que a tecnologia, que incorpora a racionalidade e a epistemologia, é o verdadeiro universal. É por isso que Kissinger interpreta a situação atual como o fim do Iluminismo, e não como sua continuação sob nova roupagem. Estaríamos então contrapondo o universal ao relativo? Ou o problema está nessa oposição em si mesma? Formular um tratado sobre o universal é algo que está muito longe das pretensões deste texto (ainda que algo do tipo continue a ser uma tarefa a ser evitada). O desejo de essencializar e estabelecer um universal como fundamento nos leva a identificá-lo como um ser substancial, e não como uma dimensão da existência. A reação dos relativistas é rejeitar o universal sem integrá-lo ao particular. Esse pensamento de oposição está no cerne do populismo tanto de esquerda quanto de direita. Isso também vale para a noção de humanidade. Ao substancializar o humano como um universal que transcende todas as particularidades da cultura e da natureza, nos vemos diante de um humanismo que equivale ao niilismo. Para sair desse impasse, precisamos, antes de mais nada, suspender a noção de humanidade que nos foi apresentada. E talvez aqui pudéssemos evocar a crítica feita por Carl Schmitt em *O conceito do político*: "A 'humanidade' é um instrumento ideológico especialmente útil para expansões imperialistas, sendo, em sua forma ético-humanitária, um veículo específico do imperialismo econômico. Para tanto se aplica, com uma simples modificação, uma frase cunhada por Proudhon: quem diz humanidade pretende enganar".[13]

Rejeitar o conceito de humanidade é estilhaçar a ilusão criada por um discurso unificador do humano, ligado a um processo de modernização como forma de sincronização. A tecnologia moderna sincroniza histórias não ocidentais no eixo de tempo global da modernidade Ocidental. Simultaneamente *oportunidade* e *problema*, o processo de sincronização permite que o mundo desfrute da ciência e da tecnologia, mas também o lança em um eixo de tempo que, animado pelo humanismo, está se movendo em direção a um fim apocalíptico, seja na forma da singularidade tecnológica (a "explosão de inteligência"), seja na forma do surgimento de uma "superinteligência". Martin Heidegger já descrevia esse eixo de tempo global em 1967: "O fim da filosofia revela-se como o triunfo do equipamento controlável de um mundo técnico-científico e da ordem social que lhe corresponde. Fim da filosofia quer dizer: começo da civilização mundial fundada no pensamento ocidental europeu".[14]

13 Carl Schmitt, *O conceito do político/Teoria do Partisan*, trad. Geraldo de Carvalho. Belo Horizonte: Del Rey, 2009, p. 59.

14 M. Heidegger, "O fim da filosofia e a tarefa do pensar", in *Conferências e escritos filosóficos*, trad. Ernildo Stein. São Paulo: Abril Cultural, 1979, p. 271.

Orientalistas talvez contra-argumentem com um sorriso amarelo: "*que exagero!*". Mas a verdade vem facilmente à tona quando observamos o aparato técnico que nos cerca e a força gigantesca que está nos arrastando para um fim apocalíptico. O que Heidegger chama de "fim da filosofia" não é nada mais do que a vitória da máquina antropológica, a vitória de um humanismo que aspira reinventar o *Homo sapiens* como *Homo deus* por meio da aceleração tecnológica. Os neorreacionários e os transumanistas celebram a inteligência artificial em nome de um triunfalismo pós-humanista, porque a superinteligência e a singularidade tecnológica demonstram a "possibilidade de uma humanidade sublime".

O chamado Iluminismo das Trevas é uma tentativa de levar o "fim da filosofia" heideggeriano ao limite por meio de uma explosão de inteligência catastrófica. Como no *I Ching*, em que o hexagrama *Pi* (má sorte) é seguido pelo hexagrama *Tai* (boa sorte) em uma reviravolta do mal absoluto para o bem extremo, essa explosão forçará o Ocidente a se reinventar – ou pelo menos é nisso que os defensores do Iluminismo das Trevas acreditam. Em sua afirmação de uma aceleração messiânica rumo ao abismo, esses defensores concebem a si mesmos como anti-humanistas. Mas o que está por trás desse abismo? Robin Mackay está certo ao afirmar que o erro fatal dessa visão de aceleracionismo "foi acreditar que um desejo originário, capaz de fluir desimpedido de estruturas instituídas de poder, se revelaria no horizonte da desterritorialização iniciada pelo capital".[15] Os propositores dessa aceleração especulam sobre esse final desco-

15 Robin Mackay, "Immaterials, Exhibition, Acceleration", in Y. Hui e Andreas Broeckmann (orgs.), *30 Years after Les Immatériaux: Art, Science and Theory*. Lüneburg: Meson Press, 2015, p. 238.

nhecido de desterritorialização absoluta da mesma forma como jogadores viciados encaram fichas de cassino. A aceleração da desorientação não cria uma saída para o eixo de tempo global. Pelo contrário, é somente por um breve período que ela perturba as ordens estabelecidas e os modos convencionais de operação. Na China, por exemplo, o aumento da largura de banda e da capacidade de armazenamento para fluxo de dados fez surgir sistemas de crédito social que apenas estabilizam e reterritorializam o fluxo de capitais. Uma pesquisa de 2018 conduzida pela Universidade Livre de Berlim mostra que 80% dos participantes chineses eram a favor ou muito a favor desses sistemas de crédito social, com 19% de opiniões neutras e apenas 1% de opiniões contrárias.[16] As qualidades disruptivas e apocalípticas intrínsecas à aceleração não são de modo algum anti-humanistas. Na verdade, elas revelam um humanismo extremo que luta para se salvar por meio da destruição em massa – um niilismo do século XXI.

Será que é mesmo possível escapar da sincronização trazida pelo eixo de tempo global da modernidade ocidental sem que antes proponhamos uma desaceleração como a defendida por sociólogos como Hartmut Rosa? Seríamos capazes de desfazer o domínio desse eixo a fim de redirecionar suas conquistas para outros caminhos?

Precisamos voltar à palavra "aceleração" em si mesma, já que é muito fácil se deixar enganar por uma identificação impensada entre aceleração e velocidade. Se nos lembrarmos das aulas de física no ensino médio, em que $a = v - v_0/t$, então a

16 Escritório de Imprensa e Relações Públicas da Universidade Livre de Berlim, "Study: More than two thirds of Chinese take a positive view of social credit systems in their country", *press release* n. 198, jul. 2018.

aceleração é igual à variação da velocidade (de v para v_0) dividida pelo tempo. *V* representa a velocidade vetorial, e não escalar. Enquanto a grandeza escalar apresenta apenas módulo, a grandeza vetorial também contém direção e sentido. Por que não considerar outra forma de aceleração que não leve a velocidade a seus extremos, mas que mude a direção do movimento, que dê à tecnologia um novo referencial e uma nova orientação no que diz respeito ao tempo e ao desenvolvimento tecnológico? Caso o façamos, poderemos também imaginar uma bifurcação do futuro, que, em vez de se mover em direção ao apocalipse, se multiplica e dele se afasta. Mas o que significa dar à tecnologia um novo referencial? Para que isso seja possível, precisamos refletir sobre como nos reapropriar da tecnologia moderna por meio da reflexão sistemática e da abordagem da questão das epistemologias e das epistemes à luz de *múltiplas cosmotécnicas* – ou, colocado de modo mais simples, da tecnodiversidade que possa ser localizada na história e que ainda seja produtiva. Tenho tratado desse assunto em minhas pesquisas,[17] usando a China de exemplo para explorar conceitualizações diferentes de tecnologia e a possibilidade de conceber uma tecnodiversidade como àquela que me refiro na história e para o futuro. A proposta de múltiplas cosmotécnicas – que, é claro, não se limita à China – exige que rearticulemos o conceito de "técnica" e que reexaminemos as condições da evolução técnica.

17 Cf. Y. Hui, *The Question Concerning Technology in China: An Essay in Cosmotechnics*. Falmouth: Urbanomic, 2016, §23, "Nihilism And Modernity", e §24, "Overcoming Modernity".

3
TECNODIVERSIDADE E AS BIFURCAÇÕES DO FUTURO

A técnica é antropologicamente universal no processo de hominização – a compreensão do humano como uma espécie em função da exteriorização da memória e da superação da dependência dos órgãos. Por meio de desenhos e da escrita, seres humanos exteriorizaram memórias e sua imaginação; ao descobrirem o fogo, os antigos livraram os dedos de uma série de atividades. Não rejeitamos a noção de que há uma dimensão universal na tecnologia, mas essa é apenas uma delas. De um ponto de vista cosmotécnico, a técnica é, em essência, motivada e limitada por especificidades geográficas e cosmológicas. Se quisermos reagir às perspectivas de autoextinção global, precisaremos retornar a um discurso cuidadosamente elaborado sobre localidades e a posição que o humano ocupa no cosmos. Para que isso seja possível, precisamos antes de tudo rearticular a questão da tecnologia e ser capazes de conceber uma multiplicidade de cosmoéticas – e não apenas duas (a pré-moderna e a moderna). Como é evidente, devemos ter cuidado com a palavra "localidade" e com as políticas a ela relacionadas. Quando não abordadas de maneira dialética, evocações nostálgicas da tradição ou da cultura podem se caracterizar como retornos problemáticos ao nacionalismo, ao essencialismo cultural e ao etnofuturismo. Não nos referimos, neste trabalho, à revolta de pequenos grupos contra as tecnologias modernas em nome da cultura ou da natureza; estamos elaborando uma estratégia geral para a reapropriação de tecnologias, em primeiro lugar, por meio da afirmação da multiplicidade irredutível das tecnicidades. Ainda que Simondon tenha inspirado o conceito de cosmotécnica, a crítica por ele formulada falha em articular a técnica para além da tradição herdada do humanismo iluminista ocidental.

A proposição de um pluralismo é um gesto que poderia ser atribuído tanto a neorreacionários como a revolucionários. Tomemos o exemplo de Herder, o oponente mais feroz de Voltaire e autor do longo ensaio "Também uma filosofia da história para a formação da humanidade", que argumenta que experiências culturais, valores e sentimentos são irredutivelmente variados. Ele poderia ser considerado um nacionalista? Muitos de fato consideram Herder – pastor luterano, aluno de Kant e mentor de Goethe – uma das figuras fundadoras do nacionalismo alemão e do *Volkgeist* [o Espírito do Povo]. Essa, no entanto, não é uma opinião unânime. Como Meinecke perguntou certa vez: "E Herder não proclamou ao mesmo tempo a humanidade e a nacionalidade quando despontou para criar uma nova época?".[18] Filósofos como Hans-Georg Gadamer e Isaiah Berlin também viram em Herder tanto um populismo quanto um pluralismo, ou, como dito por Charles Taylor, um populismo e um "expressivismo".[19] Herder é tido por alguns como um pensador cosmopolita genuíno que ancora o cosmopolitismo na heterogeneidade, e não na homogeneidade; que afirma as diferenças não ao argumentar que cada cultura tem sua essência particular, mas ao defender a importância da localidade e da igualdade em todas as culturas.

18 Apud Z. Sternhell, op. cit., p. 17.

19 Em maio de 1941, Hang-Georg Gadamer ministrou um curso sobre Herder intitulado "Volk und Geschichte im Denken Herders" [O povo e a história no pensamento de Herder] no Instituto Alemão de Paris. Nesse curso, Gadamer afirmou que Herder foi além do rousseaunismo e tornou possível uma superação dos preconceitos culturais trazidos pelos *encyclopédistes philosophes*. Cf. Z. Sternhell, op. cit., p. 119; Isaiah Berlin, op. cit., p. 147; e Charles Taylor, "The Importance of Herder", in *Philosophical Arguments*. Cambridge: Harvard University Press, 1995, pp. 79–99.

Seres humanos se formam em mundos simbólicos e linguísticos variados. Os diferentes modos de conhecimento e as variadas formas de se relacionar com o mundo e com a Terra não podem ser medidos pelos avanços na ciência e na tecnologia modernas. O encerramento do Iluminismo tem que começar pela apropriação de Herder por Gadamer, Berlin e Taylor, cujos trabalhos são apenas um primeiro passo. Precisaremos entender o poder transformativo da heterogeneidade em vez de regredir para um certo *Volk* [povo] e continuar a depender da empatia e da sensibilidade como formas de resolução de tensões no interior de agrupamentos cada vez mais isolados. Como resposta aos problemas ecológicos associados ao Antropoceno, antropólogos como Philippe Descola recolocaram a questão do pluralismo radical de forma a levar em consideração aquilo a que se chama "multinaturalismo", e não o multiculturalismo. Como o naturalismo – que contrapõe natureza a cultura – é, sem dúvida, um produto da modernidade, ele não captura como não humanos são percebidos em outras partes do mundo. Com a modernização como um processo de sincronização, entretanto, encontramos um ponto de inflexão que reabre conceitos como natureza e técnica, que haviam sido herdados, sem maiores questionamentos, como universais. Essa demanda por um pluralismo é para nós um lembrete de que precisamos nos reapropriar de maneira consciente da ciência e da tecnologia modernas, de que precisamos lhes dar uma nova direção em uma época em que sua disseminação planetária faz com que esse redirecionamento seja possível.[20]

20 Infelizmente, os antropólogos da natureza ignoram em grande medida a questão da tecnologia, como apontado no capítulo 1, "Cosmotécnica como cosmopolítica", p. 39.

Por outro lado, podemos entender a afirmação do "fim do Iluminismo" de Kirschner como a marca da concretização de um único eixo de tempo global em que todos os tempos históricos convergem na métrica da modernidade europeia. Um momento de desorientação – uma perda de direção e também de perda do Oriente em relação ao Ocidente. A consciência infeliz do fascismo e da xenofobia desponta dessa inabilidade de orientação: como uma resposta, oferece uma política identitária fácil e uma política tecnológica estetizada.

De maneira mais ampla, essa desorientação pode ser vista como uma desterritorialização desejável e necessária do capitalismo contemporâneo, capaz de facilitar a acumulação para além das amarras temporais e espaciais. A guerra é a técnica de disrupção por excelência, infinitamente mais eficiente do que a Uber ou a Airbnb. Em *Jahre der Entscheidung* [Anos decisivos], de 1933, Spengler descreve a máquina de guerra como a única resposta possível para a crise geopolítica da época: "A Inglaterra conquistou sua riqueza em batalhas, e não com contabilidade e especulação [...]. [A Alemanha] lutava suas guerras financiada por dinheiro estrangeiro e a serviço desse dinheiro, e travou combates sobre as migalhas miseráveis de seu próprio território que Estados diminutos tomavam um do outro".[21]

A ideia da guerra como solução não era exclusiva do Ocidente: os filósofos da Escola de Kyoto também propuseram a guerra total como um meio para superar a modernidade.[22] Seria

21 O. Spengler, *The Hour of Decision: Germany and World-Historical Evolution*, trad. Charles Francis Atkinson. New York: Alfred A. Knopf, 1934, p. 80.

22 Cf. Y. Hui, *The Question Concerning Technology in China*, op. cit., §23, "Nihilism and Modernity", e §24, "Overcoming Modernity".

hoje a competição global pelo desenvolvimento da inteligência artificial e das tecnologias especiais a nova condição para uma guerra desse tipo? Como Spengler escreveu em 1933, certas forças nos puxam para trás. As enormes semelhanças entre a época dele e a nossa são dignas de nota, mas também precisamos prestar especial atenção nas diferenças. Spengler escreveu em *Jahre der Entscheidung* sobre certo pensamento dogmático nas civilizações não ocidentais que surgiu com a modernidade e foi associado à mentalidade colonial:

> Povos felá cuja antiguidade precede a memória, como os indianos ou os chineses, podem nunca mais participar de forma independente no mundo das grandes potências. Eles podem mudar de senhores, expulsar um mestre – como os ingleses da Índia –, mas logo sucumbirão a outro. Eles nunca mais produzirão uma forma de existência política própria. Pois estão muito velhos, muito enrijecidos, muito esgotados.[23]

Esse fracasso é devido, em grande parte, ao fato de que a questão da tecnologia nunca foi abordada de maneira adequada – nem no Ocidente nem em lugar nenhum: a tecnologia continua a ser uma ferramenta, e não há modo de enxergar o Reino dos Fins que está além dos limites da utilidade e da eficiência. A eficiência é um fator muito importante na inovação tecnológica, mas precisa ser medida de acordo com uma visão de longo prazo, e não com base em lucros imediatos. Outra coisa que retém a mentalidade colonial é um cinismo cego a outras possibilidades. Afinal, quem poderia escapar da competição econômica e geopolítica pelo aperfeiçoamento da inteligência artificial quando a

23 O. Spengler, *The Hour of Decision*, op. cit., p. 65.

linearidade tecnológica e o progresso da humanidade são vistos como a mesma coisa? É certo que a inteligência artificial terá impacto significativo em nossas sociedades e economias. Se a China ou a Rússia desacelerassem o ritmo de inovação tecnológica, perderiam a capacidade competitiva: em 1º de setembro de 2017, Putin declarou para uma sala de aula lotada de crianças russas que "quem dominar a inteligência artificial dominará o mundo".[24] Mas se a aceleração tecnológica e a inovação são a tarefa comum da soberania e do capital, o cinismo humano só tenderá a se aprofundar conforme nos sentirmos cada vez mais desamparados diante dos sistemas tecnológicos que excluem a participação humana de uma série de processos. Só o verdadeiro pensamento filosófico poderá responder a essa aporia.

Não pretendo afirmar que a ciência e a tecnologia modernas sejam malignas (até porque foram minhas primeiras áreas de estudo). Também não sugiro que culturas e tradições não europeias tenham sido destruídas pelo mal das tecnologias modernas impostas pelo Ocidente e que, portanto, devemos desistir da ciência e da tecnologia. A questão, na verdade, é saber como esse processo histórico pode ser repensado e quais futuros ainda podem ser imaginados e concretizados. Se a identificação do pensamento iluminista com a tecnologia moderna é um processo irreversível guiado pela universalidade e pela racionalidade, então a única pergunta que ainda pode ser feita é: ser ou não ser? Mas se afirmarmos que múltiplas cosmotécnicas existem e talvez nos permitam transcender os limites da pura racionalidade, então poderemos encontrar uma saída da modernidade sem fim e dos desastres que a acompanham. Seria

24 James Vincent, "Putin says the nation that leads in AI 'will be the ruler of the world'". *The Verge*, 4 set. 2017.

trágico confundir a racionalidade com um tipo de raciocínio rigoroso e estanque – um erro que, infelizmente, vem sendo cometido com frequência. A história da razão e de suas relações com a natureza e a tecnologia, de Leibniz à cibernética e ao aprendizado de máquina, precisa ser construída e abordada de maneira diferente do que se tem feito.[25]

Certas reflexões sobre a cultura podem nos fornecer jeitos de compreender esses modos diferentes de pensamento tecnológico. Redescobrir múltiplas cosmotécnicas não implica recusar a inteligência artificial ou o aprendizado de máquina, mas, sim, se reapropriar da tecnologia moderna, atribuir outras *posições* às *composições* (*Gestell*) que estão no cerne da tecnologia moderna.[26] Se quisermos ultrapassar a modernidade, não há uma forma de simplesmente reiniciá-la como se ela fosse um computador ou um *smartphone*. Em vez disso, precisamos escapar de seu eixo de tempo global, escapar de um (trans)humanismo que submete outros seres aos termos de nosso destino e propor uma nova agenda e uma nova imaginação tecnológicas que possibilitem novas formas de vida social, política e estética e novas relações com não humanos, a Terra e o cosmos. Tudo isso ainda precisa ser pensado, já que exige uma reavaliação nietzschiana da questão da tecnologia – e isso só pode ser feito coletivamente.

Nesse sentido, podemos fazer da mensagem de Kissinger não um alvo para críticas, mas um convite para pensar para além do fim do Iluminismo, como uma provocação a enfren-

25 Esse é o objetivo de meu livro *Recursivity and Contingency* [Recursividade e contingência].

26 Em "A questão da técnica", Heidegger propõe a apreensão da tecnologia moderna como "*Gestell*", termo traduzido para o português como "composição". [N. T.]

tar a tarefa de pensar sob a pluralidade e suas formas. Talvez o conselho que Kissinger traz no encerramento de seu texto seja a forma mais apropriada de concluir esta crítica: “Se não dermos logo início a esse esforço, muito em breve descobriremos que começamos tarde demais”.[27]

27 H. Kissinger, op. cit.

4 MÁQUINA E ECOLOGIA

Ainda pode levar bastante tempo para que se reconheça que o "organismo" e o "orgânico" se apresentam como o "triunfo" tecnológico-mecanicista da modernidade em detrimento do domínio do cultivo, da "natureza".
MARTIN HEIDEGGER, *Meditação*

Não nos falta comunicação, ao contrário, nós temos comunicação demais, falta-nos criação. Falta-nos resistência ao presente. A criação de conceitos faz apelo por si mesma a uma forma futura, invoca uma nova terra e um povo que não existe ainda. A europeização não constitui um devir, constitui somente a história do capitalismo que impede o devir dos povos sujeitados.
DELEUZE e GUATTARI, *O que é a filosofia?*

O rio é a localidade onde se situa a casa. Ao mesmo tempo, o rio determina o devir do ser humano como histórico em seu estar em casa. O rio é a jornada errática em que o devir de estar em casa tira sua essência.
MARTIN HEIDEGGER, *Hinos de Hölderlin*

Neste capítulo gostaria de investigar a relação entre máquina e ecologia e as questões filosóficas e históricas escondidas nesses dois termos aparentemente incompatíveis. Antes de tudo, quero problematizar "máquina" e "ecologia", dois termos ambíguos, como uma forma de preparação para a desfamiliarização e a desromantização de algumas ideias sobre a tecnoecologia e para sugerir uma *ecologia política* das máquinas, que se centrará naquilo que conceituo como *tecnodiversidade*. Essa busca pela tecnodiversidade está ligada à investigação sistemática da teoria da *cosmotécnica* que expus em *The Question Concerning Technology in China* [A questão da técnica na China], de

2016, em que defendo uma postura contrária ao modo como certas tradições filosóficas, antropológicas e históricas lidam com a tecnologia e sugiro que, em vez de aceitarmos o conceito antropológico universalizante de técnica como inquestionável, deveríamos conceber uma multiplicidade de técnicas caracterizada por diferentes dinâmicas entre o cósmico, a moral e o técnico.

Tradicionalmente, há uma tendência a pensar que a máquina e a ecologia se opõem uma à outra, já que as máquinas são artificiais e mecânicas, e a ecologia é natural e orgânica. Esse raciocínio pode ser chamado de um dualismo da crítica (e não uma crítica dualista), uma vez que sua abordagem tem como base a fixação de binários que não podem ser superados, como acontece no caso da consciência infeliz.[1] Essa oposição é resultado de alguns estereótipos quanto ao *status* das máquinas. Quando as pessoas falam em máquinas, tendem a pensar, mesmo hoje em dia, nas mecânicas baseadas em uma causalidade linear – como o pato mecânico de Jacques de Vaucanson ou o Turco de Wolfgang von Kempelen, no século XVII, por exemplo; e, quando falam em ecologia, essas mesmas pessoas tendem a pensar na natureza como um sistema que se autorregula, capaz de dar e tirar todas as coisas.

1
DEPOIS DA SUPERAÇÃO DO DUALISMO

As noções de máquina e ecologia mencionadas antes são prejudiciais tanto à história da tecnologia quanto à história da filosofia, já que também ignoram uma realidade técnica que condiciona a vali-

1 Ver capítulo 2, "Sobre a consciência infeliz dos neorreacionários", p. 49.

dade de uma crítica desse tipo. A concepção mecânica das máquinas já tinha se tornado completamente ultrapassada e obsoleta com a cibernética de meados do século XX; no lugar dela, testemunhamos o surgimento de um *mecano-organicismo*. A cibernética de hoje se tornou o *modus operandi* de máquinas que vão desde os smartphones até os robôs e a tecnologia espacial. A ascensão da cibernética foi um dos eventos mais importantes do século XX. Diferentemente do mecanicismo, cuja base é a causalidade linear (A-B-C), a cibernética opera em uma causalidade circular (A-B-C-A'), o que significa que é reflexiva no sentido básico de que é capaz de determinar a si mesma na forma de uma estrutura recursiva. Por "recursão" nos referimos a um movimento reflexivo não linear que se move progressivamente em direção a seu *télos*, seja ele predefinido ou autoimposto. A cibernética é parte de um paradigma mais amplo nas ciências, mais especificamente o organicismo, originado na crítica formulada contra o mecanicismo como entendimento ontológico fundamental. O organicismo também precisa ser diferenciado do vitalismo, que com frequência se vale de uma "força vital" misteriosa (separada, imaterial) para explicar a existência dos seres vivos; o organicismo, ao contrário, obtém suas bases da matemática. A cibernética, como uma das formas do organicismo, mobiliza dois conceitos-chave, *feedback* e informação, para analisar o comportamento de *todos* os seres, tanto animados (vivos) quanto inanimados (sem vida), mas também natureza e sociedade. No primeiro capítulo de *Cibernética, ou controle e comunicação no animal e na máquina*, de 1948, Norbert Wiener, o fundador da cibernética, apresentou pela primeira vez uma oposição entre os tempos newtoniano e bergsoniano. O movimento newtoniano é mecanicista, simétrico no tempo e, portanto, reversível, enquanto o tempo bergsoniano é orgânico, biológico, criativo e irreversível. É apenas a partir da segunda lei da termodinâmica, proposta pelo físico francês Sadi Carnot em 1824 (quase um século depois da morte de Newton, em 1727), que reconheceremos a existência da "flecha do tempo" e o fato de que a assim chamada entropia de um sistema aumenta com o tempo e é irreversível. Já em seu primeiro livro, *Ensaio sobre os dados imediatos da consciência*, de 1889, Bergson lança um ataque feroz à forma como o tempo era conceitualizado na ciência e na filosofia ocidentais. O tempo é aqui entendido em termos de espaço – intervalos que podem ser representados no espaço, por exemplo. Desse modo, o tempo sob tal conceitualização é, na verdade, atemporal, segundo Bergson. E também homogêneo, como os intervalos marcados em um relógio. Em vez disso, Bergson sugere que o tempo orgânico (ou *durée* [duração]) não pode ser compreendido em sua totalidade como uma extensão ordenada em termos espaciais, mas contém a heterogeneidade ou a multiplicidade qualitativa em formas orgânicas. O tempo é uma força singular em cada instante, como o rio de Heráclito; ele nunca se repete, ao contrário do que se passa com um relógio mecânico. Na verdade, a causalidade mecânica ou linear não existe na duração efetiva. O tempo "orgânico" bergsoniano também oferece uma nova forma de compreensão da consciência e da experiência humanas.

Wiener propôs que essa oposição entre os tempos newtoniano e bergsoniano já havia sido superada com a descoberta da mecânica estatística na física. Ao analisarmos um recipiente cheio de partículas, por exemplo, o uso da mecânica estatística permite a comunicação entre micro e macroestados e, portanto, possibilita o controle do comportamento do sistema. Dito de outro modo, a cibernética se empenha na eliminação do dualismo, pretende o estabelecimento de uma conexão entre ordens diferentes de magnitude – macro e micro, mente e corpo –, do mesmo modo que Hans Jonas se refere à cibernética em *O princípio vida*: "uma superação do dualismo que

> tacitamente o materialismo clássico havia deixado em vigor: pela primeira vez desde que o aristotelismo foi abandonado,

estaríamos de posse de uma doutrina unificada [...] para representar a realidade".[2] Observação semelhante foi feita em *Do modo de existência dos objetos técnicos* (1958), em que Simondon considera o pensamento reflexivo da cibernética (caracterizado por *feedback* e informação) como essencial para a resolução do dualismo enraizado na cultura: tradicional e moderno, rural e urbano, modos de educação tecnológica maiores (adultos) e menores (crianças) etc. Em *Recursivity and Contingency* [Recursividade e contingência], de 2019, situo o *feedback* em uma categoria mais ampla: a da recursividade. A recursão designa, em geral, uma operação não linear que retorna constantemente para si mesma a fim de se conhecer e se determinar. Há diversas modalidades de recursão, mas todas elas têm em comum a superação do dualismo. A informação é a medida do grau de organização, e o *feedback* é uma causalidade recursiva ou circular que possibilita autorregulação. Muitos processos de *feedback* estão em curso quando, por exemplo, esticamos o braço para pegar uma garrafa de água – processos que permitem ajustarmos a atenção dos olhos e dos músculos do braço até alcançarmos o destino desejado, ou o *télos*. Assim, perto do final do primeiro capítulo de *Cibernética, ou controle e comunicação no animal e na máquina*, Wiener já pode afirmar que "assim, o autômato moderno existe no mesmo tipo de tempo bergsoniano como o organismo vivo; e, portanto, não há razão nas considerações de Bergson para que o modo essencial de funcionamento do organismo vivo não seja o mesmo que o do autômato deste tipo. [...] De fato, toda controvérsia mecanicista-vitalista foi relegada ao limbo de questões mal colocadas".[3]

2 Hans Jonas, *O princípio vida: Fundamentos para uma biologia filosófica*, trad. Carlos Almeida Pereira. Petrópolis: Vozes, 2006, p. 131.

3 Norbert Wiener, *Cibernética, ou controle e comunicação no animal e na máquina*, trad. Gita K. Guinsburg. São Paulo: Perspectiva, 2017, pp. 67–68.

Se a afirmação de Norbert Wiener é ou não inteiramente pertinente é algo a ser examinado sob as lentes da história. No entanto, continua a ser relevante para nós a reconceitualização, a partir da cibernética de Wiener, daquilo que acontece hoje no que se refere à relação entre máquina e organismo, humano e ambiente, tecnologia e natureza. A ousadia do enunciado de Wiener sugere uma reavaliação radical dos valores humanistas que opõem o orgânico ao inorgânico e mina o efeito da crítica humanista. Diferentemente daquilo que André Leroi-Gourhan e Bernard Stiegler, por exemplo, poderiam chamar de "inorgânico organizado", o foco de Wiener não estava no complexo máquina-homem ou na ferramenta-homem, mas na possível assimilação do orgânico e do inorgânico nas máquinas cibernéticas. Todas as máquinas modernas são máquinas cibernéticas: elas empregam uma causalidade circular como princípio operacional. Nesse sentido, uma máquina cibernética não é mais *apenas* mecanicista, mas também assimila alguns comportamentos de organismos. É importante ter em mente o fato de que semelhança não significa equivalência – e é esse mal-entendido que hoje domina nossa política das máquinas.

Ecologia também é um conceito carregado de ambiguidade. Se a ecologia está enraizada em uma tentativa de compreender a relação entre o ser vivo e seu ambiente, como acontece no caso de Ernst Haeckel no século XIX e continua a acontecer no início do século XX com Jacob von Uexküll, não podemos esquecer que esse discurso ainda é importante, mas insuficiente para compreendermos a complexidade inerente às sociedades humanas. Em 2010, Jacob von Uexküll desenvolveu o conceito de ecologia de Haeckel para explicar / mostrar / divulgar que o ambiente não é apenas aquilo que seleciona (neste aspecto, Haeckel continua a ser um darwinista) de acordo com os atributos físicos, mas também aquilo que é selecionado pelos seres vivos. O primeiro tipo de seleção pode ser chamado de *adaptação*, no sentido de que o ser vivo precisa se adaptar ao ambiente de acordo com os recursos e as condições físicas disponíveis; o segundo tipo de seleção pode ser chamado de *adoção*, no sentido de que o ser vivo tem de selecionar e construir contextos a partir dos meios de sobrevivência disponíveis. O carrapato, um aracnídeo que não possui olhos, permanece inativo em uma árvore até que detecte aroma do ácido butírico (presente no suor), deslocamento do ar e calor - fatores que indicam a aproximação de um mamífero - e então se deixa cair a fim de se agarrar ao corpo do animal, alcançar sua pele e, finalmente, sugar seu sangue. Há uma semiótica no processo de seleção de informações baseada no *Bauplan* [plano corporal], - os sentidos e o sistema nervoso central do animal que, por sua vez, define o *Umwelt* [mundo circundante].[4] Seres humanos, no entanto, não são carrapatos; seres humanos inventam ferramentas e modificam o ambiente. São seres providos de talentos não apenas para a adaptação de ambientes externos, mas também para a alteração e a adoção desse ambiente em si mesmo através de meios técnicos. Vemos nesses processos de adaptação e adoção que há uma reciprocidade entre seres vivos e o ambiente por eles ocupado - fenômeno a que podemos chamar organicidade -, sobretudo no fato de que seres e ambiente não apenas trocam informações, energia e matéria, mas também constituem uma *comunidade*. Uma comunidade humana é muito mais do que a soma dos agentes humanos que a constituem; ela também inclui o ambiente e outros seres não humanos.

A intervenção dos seres humanos no ambiente define o processo de hominização, o tornar-se humano evolutivo e histórico e

4 Jakob von Uexküll, *A Foray into the Worlds of Animals and Humans. With a Theory of Meaning*. Minneapolis: University of Minnesota Press, 2010, pp. 50-51.

as políticas daí decorrentes. Ainda que esboçar esse processo esteja além de nosso propósito, a civilização humana poderia ser vista como uma relação de intimidade e cumplicidade entre humanos e o ambiente que faz emergir aquilo que é chamado de *mesologia* desde Platão (de acordo com a historiografia de Augustin Berque). Contudo, e para irmos direto ao ponto, deixaremos essa questão em suspenso com um veredito de Marshall McLuhan, que disse em uma entrevista de 1974 que "a Sputnik criou um novo ambiente para o planeta. Pela primeira vez o mundo natural foi completamente encerrado dentro de um recipiente construído pelo homem. No momento em que a Terra adentra esse novo artefato, a Natureza termina e a Ecologia começa. O pensamento 'ecológico' passou a ser inevitável assim que o planeta ascendeu ao *status* de obra de arte".[5] Esse veredito de McLuhan precisa ser analisado mais a fundo. O evento de 1957 – isto é, o lançamento da Sputnik pela União Soviética – representa a primeira vez em que os seres humanos puderam refletir sobre a Terra a partir de fora, e, nesse aspecto, a Terra, com a ajuda da tecnologia espacial, passa a ser vista principalmente como um artefato. Em *A condição humana*, Hannah Arendt também descreve o lançamento da Sputnik como aquele que "em importância ultrapassa todos os outros, até mesmo a desintegração do átomo",[6] porque sugere, como disse Konstantin Tsiolkovsky, que "a humanidade não permanecerá para sempre presa à Terra". Essa independência com relação à Terra coloca a humanidade diretamente em confronto com a

5 Marshall McLuhan, "At the Moment of Sputnik the Planet Became a Global Theatre in which There Are No Spectators but Only Actors", *Journal of Communication*, v. 24, n. 1, 1974, p. 49.

6 H. Arendt, *A condição humana*, trad. Roberto Raposo. Rio de Janeiro: Forense Universitária, 2007, p. 9.

infinitude do universo e a prepara para um niilismo cósmico. É nesse momento que a natureza termina e a ecologia começa. Em contraste com o sentido dado por Ernst Haeckel ao termo "ecologia" no fim do século XIX, entendido então como a totalidade de relações entre um ser vivo e o ambiente em que ele está inserido,[7] e também com a definição dada por Von Uexküll de ecologia como um processo de seleção do *Umgebung* (o ambiente físico) para o *Umwelt* (a "intepretação" do mundo pelo ser vivo), aquilo a que McLuhan se refere é a perda do caráter biológico da ecologia. De acordo com McLuhan, a Terra passa a ser considerada um sistema cibernético monitorado e governado por máquinas que se encontram tanto em sua superfície quanto no espaço sideral. O que testemunhamos é o desaparecimento da Terra, já que a continuidade do planeta é absorvida para o interior de um plano de imanência construído pelo pensamento recursivo da cibernética.

O hibridismo entre o ambiente natural e as máquinas constitui um sistema gigantesco, e é nessa conceitualização que a natureza chegou ao fim e a ecologia teve início. Para além de seu uso restrito na biologia,[8] a ecologia não é um conceito da natureza, mas da cibernética. Isso fica mais evidente quando nos referimos à noção de Gaia cunhada por James Lovelock para descrever o sistema ecológico da Terra: "um sistema cibernético com tendências homeostáticas detectadas por anomalias químicas na atmosfera

7 Cf. Ernst Haeckel, *Generelle Morphologie der Organismen*. Berlin: Georg Reimer, 1866, pp. 286–87; e Robert J. Richards, *The Tragic Sense of Life: Ernst Haeckel and the Struggle over Evolutionary Thought*. Chicago: University of Chicago Press, 2009, p. 8.

8 Observe-se que muitos biólogos empregam o termo "ecologia", em geral considerado uma disciplina da biologia que estuda as relações entre elementos bióticos e abióticos.

da Terra".[9] E então rapidamente nos encontramos na posição em que a máquina moderna não é mais mecânica e em que a ecologia já não é natural; na verdade, as máquinas modernas e a ecologia são dois discursos que aderem ao mesmo princípio, o da cibernética. A diferença, caso insistamos nesse ponto, está no fato de que máquinas individuais, como aquelas automáticas das fábricas de Manchester do século XIX descritas por Marx, foram deixadas para trás, e em seu lugar surgiram sistemas técnicos capazes de conectar máquinas diferentes e estabelecer recursividade entre elas. Esses sistemas podem se formar em diferentes escalas, desde redes locais até sistemas planetários como a tecnosfera terrestre. Agora queremos indagar quais poderiam ser as implicações dessa redefinição da máquina e da ecologia (e da relação entre elas).

2
O DEVIR TECNOLÓGICO DA GEOFILOSOFIA

Mais do que nunca estamos em uma época de cibernética, já que esta nunca foi uma disciplina que corresse em paralelo a outras como a filosofia ou a psicologia, mas, pelo contrário, pretende ser universal, capaz de unir todas as outras disciplinas - e, assim, poderíamos dizer, se tornar o (modo de) pensamento universal *par excellence*. A cibernética como pensamento reflexivo universal tomou o lugar que até então sempre fora desempenhado pela filosofia. Essa substituição não é uma rejeição da filosofia, mas, na terminologia de Martin Heidegger, o fim ou o acabamento da filosofia (o termo alemão *Ende*). Mas o que esse fim significa?

9 James Lovelock, *Gaia: A New Look at Life on Earth*. Oxford: Oxford University Press, 2000, p. 142.

Que a filosofia ocidental não tem mais nenhum papel a desempenhar na era tecnológica, uma vez que ela já está concretizada como *o próprio destino* dessa época? Ou que a filosofia deverá se reinventar para sobreviver, tornar-se uma filosofia pós-europeia (ou, caso prefiram, pós-metafísica, pós-ontológica) – e isso vale para a própria Europa? Aqui não pretendo abrir nenhuma caixa de Pandora, mas quero apontar para o fato de que o pensamento cibernético como pensamento supostamente universal e ecológico é aquele que supera, ou pelo menos finge superar, o dualismo pressuposto na ontologia e na epistemologia tradicionais, e é nesse sentido que ele convoca uma nova condição do filosofar e, assim, uma nova investigação voltada à questão da ecologia.

Eis o princípio fundamental: talvez a origem do perigo em nossa época já não seja o dualismo, mas um poder totalizante não dualista que está presente na tecnologia moderna e que ressoa, de modo irônico, na ideologia antidualista (a rejeição de qualquer comparação entre o Ocidente e o Oriente, por exemplo). "De modo irônico", porque a ideologia antidualista ainda acredita que o principal perigo está no dualismo, sem perceber que essa dualidade já não está mais na fundação da ciência e da tecnologia modernas. Dito de outro modo, será difícil, senão impossível, desenvolver um pensamento filosófico contemporâneo à nossa situação sem que tenhamos examinado essa relação íntima entre filosofia e tecnologia.

Vamos agora trazer nosso ceticismo para o primeiro plano e prosseguir com o argumento: será a cibernética a solução para os problemas ecológicos diante dos quais nos encontramos hoje? O modelo organísmico, que está no núcleo da cibernética, será capaz de vencer a sombra que a modernidade europeia já lança há muitos séculos sobre nós? Se os primeiros modernos nos oferecem uma visão mecanicista do mundo por meio da geometrização (Kepler, Galileu, Newton e Descartes, entre outros) e da ciência experimental (Bacon e Boyles), agora, com a cibernética como a realização e a concretização do pensamento organísmico que vem se avolumando desde o fim do século XVII, *conseguiremos finalmente pôr um fim à modernidade pela cibernética?* Já não encontramos na cibernética – e em sua versão planetária, a hipótese de Gaia – uma lógica genérica que se baseie no reconhecimento da relação entre seres vivos e ambiente, aquela mesma que o filósofo e orientalista Augustin Berque enfatizou em tantos lugares diferentes?

> Ultrapassar a alternativa moderna é reconhecer que o momento estrutural de nossa existência – nossa *médiance* – é tal que cada um de nós se encontra dividido: "metade" (em latim, *medietas*, daí *médiance*) em nosso corpo animal individual, "metade" no sistema eco-técnico-simbólico que caracteriza o ambiente da vida. [10]

Berque vem se empenhando em propor um tipo de pensamento não binário encontrado no pensamento japonês – ou, de modo geral, oriental – e em contrastá-lo com o pensamento moderno cujo porta-voz é o dualismo cartesiano. No entanto, não nos precipitemos a uma resposta, já que podemos acabar traídos pelo dualismo da crítica do qual já falamos. Em vez disso, consideremos a primeira epígrafe deste capítulo, de Heidegger, sobre a relação entre organismo e tecnologia. Heidegger percebeu que esse devir orgânico, ou devir ecológico, nada mais é que o triunfo tecnológico-mecanicista da modernidade sobre a natureza. Essa afirmação precisa ser abordada para além da impressão cínica que

10 Augustin Berque, *Thinking through Landscape*. London: Routledge, 2014, p. 60.

ela pode causar em uma análise mais superficial. A crítica que Heidegger faz da cibernética é hoje merecedora de reflexão porque não trata da celebração da derrota do dualismo, mas, antes, oferece um chamado à prudência (*phronesis*) e uma advertência para que evitemos ilusões e análises falsas. E isso porque, à primeira vista, alguém poderia afirmar que a cibernética cumpriu uma crítica antidualista da modernidade. Como sugestão – ou, melhor ainda, como provocação –, gostaria de dizer que a ascensão da cibernética e de seu modelo organicista talvez exija que criemos um novo programa para a mesologia. Para entender esse processo, teremos de repensar a relação entre tecnologia e ambiente. Em vez de vermos a tecnologia como um dos resultados da determinação causada pelo ambiente geográfico ou de pensarmos que a tecnologia destrói o ambiente natural, devemos considerar como o complexo tecnologia-ambiente constitui sua gênese e autonomia, e como essa gênese pode ser repensada ou reposicionada em uma realidade cósmica que é própria ao ambiente ou ao *fûdo* (風土), no sentido dado em 1961 pelo filósofo japonês Watsuji Tetsurô.[11] Voltaremos a esse assunto na conclusão do capítulo.

De modo sucinto – e este tema com certeza merece uma análise muito mais detalhada no futuro –, esse complexo tecnológico-ambiental poderia ser entendido em dois sentidos aparentemente diferentes, mas intimamente relacionados. Em primeiro lugar, trata-se do que o paleoantropólogo André Leroi-Gourhan chamou de "ambiente técnico" em *Milieu et technique* [Ambiente e técnica].[12] Como já dito (no capítulo 1), o ambiente técnico é aquilo que

11 Tetsurō Watsuji, *Climate and Culture: A Philosophical Study*. Westport: Greenwood Press, 1961.

12 André Leroi-Gourhan, *Milieu et technique*. Paris: Albin Michel, 1973, pp. 340–50.

age como membrana entre o ambiente interno, concebido como uma "tradição mental" instável e dinâmica, e o ambiente externo, constituído pelo clima, pelos recursos naturais e pela influência de outros grupos tribais.[13] Leroi-Gouhran usa a célula como metáfora orgânica para explicar a relação entre esses três termos e a permeabilidade e a resistência contra tendências técnicas. O ambiente técnico é aquilo que é produzido pelas diferenças irredutíveis entre os ambientes interno e externo, e, ao mesmo tempo, filtra e propaga o que chega do ambiente externo a fim de manter a integridade do ambiente interno. Em outras palavras, o ambiente interno e o ambiente externo formam uma relação recíproca sob a mediação do ambiente técnico.

O segundo sentido se relaciona ao ambiente tecnogeográfico, termo cunhado por Gilbert Simondon. Seu sentido literal é o de que o ambiente geográfico, o que inclui os recursos naturais, não é mais apenas um objeto de exploração, mas está integrado ao funcionamento do objeto técnico. Em *Do modo de existência dos objetos técnicos*, Simondon nos dá o famoso exemplo do gerador de Guimbal, que integra com sucesso o rio como força motriz (de um motor embebido em óleo sob altas pressões) e agente resfriador.[14] Nesse caso, a funcionalidade do rio é multiplicada – ele se torna um órgão da ordem dos objetos técnicos; o rio, capaz de fornecer um mecanismo de *feedback* que estabiliza e regula o sistema dinâmico, é também o que Simondon chama de ambiente associado: quanto mais intensa a correnteza, mais rápido a turbina do gerador se move. Teoricamente, mais calor também é produzido – o que poderia queimar o motor –, mas, como a correnteza também

13 Ibid., pp. 334–35.

14 G. Simondon, *Do modo de existência dos objetos técnicos*, trad. Vera Ribeiro. Rio de Janeiro: Contraponto, 2020, pp. 102–04.

está mais rápida, o calor pode se dispersar de maneira mais eficaz. O rio e a turbina formam, assim, um complexo tecnoambiental.

Tanto Leroi-Gourhan quanto Simondon foram influenciados pela metáfora do organismo em suas conceituações do ambiente técnico e do ambiente associado. Essa aspiração a um modelo organicista ou holístico foi um movimento intelectual significativo da época de ambos. O papel do ambiente técnico em Leroi-Gourhan como membrana entre os ambientes interno e externo era similar ao que Simondon chama de ambiente associado, com a diferença de que Leroi-Gourhan ainda pretendia separar o técnico do cultural (interno) e natural (externo), enquanto na sistematização de Simondon uma distinção do tipo já havia desaparecido. Simondon dá a isso o nome de "ambiente tecnogeográfico" (é também por essa razão que ele pôde conceber um plano conceitual para a superação do antagonismo entre cultura e natureza, natureza e tecnologia, cultura e tecnologia). A interpretação que Simondon faz da significância do gerador de Guimbal e da noção de ambiente associado foi muito influenciada pela cibernética de Wiener; para Simondon, a lógica reflexiva da cibernética parece ter substituído a filosofia - e é a partir desse ponto que podemos entender a afirmação de Heidegger de que a cibernética marca o fim da filosofia. O rio de Simondon se coloca em uma relação peculiar com o que Heidegger diz em *A questão da técnica* sobre a hidrelétrica no rio Reno, na qual o rio se torna mera composição (*Gestell*) constantemente desafiado e explorado pela tecnologia moderna.[15] Peculiar porque, à primeira vista, a formulação de Simondon do rio como ambiente tecnogeográfico expressa otimismo, enquanto a descrição que Heidegger faz do Reno como composição é, ainda que não necessariamente pessimista,

15 M. Heidegger, *The Question Concerning Technology and Other Essays*, trad. William Lovitt. New York: Garland, 1977, p. 16.

uma crítica à "tecnicização" do *physis*; contudo, ambos se referem ao mesmo fim da filosofia, a partir de duas atitudes diferentes.

A ênfase de Simondon no gerador de Guimbal não se resume à exploração do rio, mas demonstra também a reciprocidade entre o tecnológico e o natural - ou o que o próprio Simondon chama "conaturalidade". A estrutura recíproca e comunal demonstrada pela turbina de Guimbal é apenas um exemplo do pensamento cibernético a que Simondon aspira para a superação do dualismo ou de sua forma mais agressiva: o antagonismo entre cultura e tecnologia, natureza e tecnologia. Depois da cibernética, e sobretudo da noção de "acoplamento estrutural" dos biólogos Hubertus Maturana e Francisco Varela, a funcionalidade técnica do rio descrita por Simondon parece se apresentar como um modelo genérico do complexo tecnogeográfico. O meio ambiente não é apenas aquilo que é *modificado* pela tecnologia, mas é cada vez mais *constituído* pela tecnologia. O pensamento ecológico não trata apenas da proteção da natureza, mas é fundamentalmente um pensamento político baseado em ambientes naturais e territórios. A capacidade crescente da tecnologia de participar na modulação do meio ambiente nos força a desenvolver uma geofilosofia. Essa descoberta não é de modo algum uma novidade, mas é essencial analisar essa trajetória histórica para entendermos os limites do desenvolvimento tecnológico atual:

A relação entre o humano e o meio ambiente se complexifica ao longo do tempo, e a semiótica que define a percepção e a interpretação precisa ser constantemente atualizada de acordo com a evolução dos objetos técnicos no sentido dado por Simondon. A continuidade e a descontinuidade da detecção sensorial biológica e, mais tarde, da exibição de signos e símbolos e da invenção de sensores eletrônicos que pouco a pouco tomam as áreas urbanas e rurais trazem a reboque uma trajetória tecnológica que define e redefine humano e natureza de modo constante – o que Peter Sloterdijk conceituaria como a domesticação dos seres humanos.[16]

A tecnologia usada para a domesticação de rebanhos é, em essência, uma modulação das relações entre animais domésticos e seus ambientes naturais; ou, em outras palavras, os seres humanos intervêm no ambiente ao controlar sua fertilidade e esterilidade, modulando, em maior escala, o comportamento dos animais domesticados. As comunidades humanas mantêm uma aparente autonomia por meio da invenção de leis, costumes e sistemas simbólicos que definem tabus e transgressões, os quais constituem normas sociais e, como consequência, também seu oposto – a não adaptabilidade social, questão central à análise de Michel Foucault.

A tecnologia de domesticação de animais tem gradativamente se confundido com a autodomesticação do ser humano, que pode ser entendida nos termos do que Foucault chama de governamentalidade. A intervenção dos seres humanos no ambiente constitui um tipo específico de governamentalidade a que Foucault chama de ambientalidade. No início desse pensamento da ambientalidade, vemos que, e aqui cito Foucault, "a população será o objeto que o governo deverá levar em consideração em suas observações, em seu saber, para conseguir governar efetivamente de modo racional e planejado".[17]

O controle da população representa um tipo *molar* de governamentalidade que lida com seres humanos em grandes agrupa-

16 Peter Sloterdijk, *Not Saved: Essays After Heidegger*. Cambridge: Polity, 2017, p. 89.

17 Michel Foucault, "A governamentalidade" in *Microfísica do poder*, trad. Roberto Machado. Rio de Janeiro: Edições Graal, 1998, p. 290.

mentos, e, desse modo, suas técnicas somente podem ser implementadas com a mediação das leis e regulamentos que tratam cada sujeito como ser igual, mas específico. Desde o século XX, as intervenções tecnológicas suprem esse modo molar de controle com um modo *molecular*, no sentido de que cada ser humano é tratado como um indivíduo que se diferencia de outros indivíduos. Cada um é definido pela relação entre o individual e seu ambiente que é constantemente capturada e capitalizada na forma de dados. Essa forma de governamentalidade se tornou dominante durante a pandemia do coronavírus.

A generalização do algoritmo recursivo e a sua implementação em computadores digitais deram concretude ao pensamento cibernético e a suas aplicações em quase todos os domínios sociais, econômicos e políticos. O capital passou de um modelo mecanicista observado com precisão por Marx para um modelo organicista levado a cabo por máquinas informacionais equipadas com algoritmos recursivos complexos. Os dados são a fonte da informação, e é isso que permite que os modelos recursivos estejam por toda parte e sejam eficientes. O urbanismo digital que está em processo de desenvolvimento e será o tema principal da economia digital é movido pelo uso recursivo dos dados. *Data*, em latim, significa algo já dado, já recebido, como os dados sensoriais que determinam a queda do carrapato ou a cor vermelha da maçã diante de mim; desde meados do século XX, os dados adquiriram um novo sentido – ou seja, informação computacional – que não é mais "dado" a partir de fora, mas produzido e modulado por seres humanos.[18] Nesse sentido, podemos ver que a noção de "sociedade de con-

18 Y. Hui, *On the Existence of Digital Objects*. Minneapolis: University of Minnesota Press, 2016, p. 48.

trole" descrita por Gilles Deleuze está muito distante do discurso comum de uma sociedade de vigilância – que, por sua vez, se revela de fato como uma sociedade cuja governamentalidade se baseia na autoafirmação e na autorregulação de sistemas automáticos. Esses sistemas variam em escala: podem ser uma corporação global como o Google, uma cidade como Londres, um Estado-nação como a China ou, ainda, o planeta inteiro.

3
ECOLOGIA DAS MÁQUINAS

Voltemos agora à questão suscitada antes: seria a cibernética – e seu desenvolvimento no século XXI pela teoria dos sistemas de Niklas Luhmann e seus coautores – uma resposta à crítica do industrialismo moldado pela tendência dualista das primeiras manifestações do pensamento moderno, tal como Ludwig von Bertalanffy esboçou, em 1936, em *Teoria geral dos sistemas*?: "A concepção mecanicista do mundo, considerando o jogo das partículas físicas como a realidade última, encontrou sua expressão numa civilização que glorifica a tecnologia física que levou finalmente às catástrofes de nosso tempo. Possivelmente o modelo do mundo como uma grande organização ajude a reforçar o sentido de reverência pelos seres vivos, que quase perdemos nas últimas sanguinárias décadas da história humana"?[19] Seria possível ultrapassar a modernidade e, assim, superar os enganos epistemológicos que a acompanham graças ao devir reflexivo

19 Ludwig von Bertalanffy, *Teoria geral dos sistemas – Fundamentos, desenvolvimentos e aplicações*, trad. Francisco M. Guimarães. Petropólis: Vozes, 2010, pp. 76–77.

das máquinas cibernéticas? Ou será que esse modelo genérico sugerido pela cibernética para a superação do dualismo ainda está inserido no paradigma da modernidade, como Heidegger indicou nos anos 1930? E o que isso significa? Segundo acredito, estar contido no paradigma da modernidade significa enfraquecer a necessidade de localidade e diversidade em função de uma insistência na episteme universal e no conceito de progresso.

Ainda que seja verdade que as máquinas estejam se tornando organísmicas, é no processo permanente de "devir", como Simondon observou, que os objetos técnicos, não importa quão concretos sejam, continuam a reter reminiscências de esquemas abstratos, ao passo que seres humanos são sempre totalmente concretos. *Encontramos a questão atual da política no interior da paralaxe entre o "não totalmente concreto" e a ilusão de conseguir substituir a natureza pela tecnologia de informação digital.* No "não totalmente concreto" persiste uma crítica humanista, enquanto na substituição da natureza pela tecnologia encontramos uma crítica transumanista. A resposta de Heidegger não é nem humanista nem transumanista, mas, segundo nossa interpretação, local. Para Heidegger, o ser é uma noção específica a uma localidade, a chamada "terra do ocaso" (*Abendland*); ao menos de um ponto de vista linguístico, o conceito de ser não tem correspondente na língua e no pensamento chineses.[20] Podemos encontrá-lo na leitura de Heidegger do hino *Der Ister* de Hölderlin, na qual o Danúbio é concebido em suas origens tanto como localidade (*Ortschaft*) quanto como errância (ou viajante) (*Wan-*

20 A. C. Graham, *Studies in Chinese Philosophy and Philosophical Literature*. New York: Suny, 1990, pp. 322–59.

derschaft).[21] O rio, que é o ambiente externo para Leroi-Gourhan e o ambiente associado para Simondon, é a localidade que tem por padrão ser estacionária e a errância que a move adiante. Esse movimento aparentemente contraditório, para frente e para trás, constitui a historicidade do "ser-aí" (*Da-sein*). Contudo, o destino da localidade ainda não está claro na época tecnológica, e essa ambiguidade é a origem das políticas reacionárias. E isso porque a questão da verdade do Ser só pode se desenvolver a partir dos perigos trazidos à tona pelo arrebatamento do ser humano pelo gigantesco, na forma de um evento de apropriação iniciado por um "choque de profunda reverência" (*Schrecken der Scheu*).[22] Devemos, portanto, esperar que essa escatologia se manifeste? Ou, em vez disso, e à medida que o universal seja contestado, devemos tomar outros caminhos que não sigam a história do pensamento ocidental? É a questão do Ser que Heidegger quer explorar ao nos apresentar a questão da localidade e da historicidade. A afirmação de que com a invenção da tecnologia de rede há uma compressão do tempo e do espaço às vezes nos impede de ver o que desde sempre esteve diante de nós e para além daí. De fato, alguns dos maiores fracassos do século XX são a incapacidade de articular a relação entre localidade e tecnologia e a confiança em um pensamento ecológico quase padronizado e dotado de um intenso humanismo europeu; a tecnologia virou uma provocação, seja para as políticas reacionárias cujo fundamento é um dualismo entre tradição e modernidade, seja para um aceleracionismo fanático que acredita que os problemas que temos e herdamos serão finalmente solucionados graças ao avanço tec-

21 M. Heidegger, *Hölderlins Hymne "Der Ister"*. Frankfurt am Main: Klostermann, 1942

22 Id., *Ponderings XII–XV: Black Notebooks 1939–1941*, op. cit., GA65 8.

nológico, com a restauração da Terra pela geoengenharia ou com a subversão do capitalismo por uma aceleração rumo à automação total. De uma perspectiva econômica e tecnocrática, há muito pouca utilidade em considerar a localidade para além de sua relevância quanto à disponibilidade de recursos naturais. O avanço das tecnologias de rede acelerará a compressão espacial e, desse modo, desvaloriza-se a discussão sobre o que poderia ser chamado de "geograficalidade", já que todas as transações são feitas na velocidade da luz. Essa ignorância do meio é também uma ignorância da localidade; ela falha em estabelecer uma relação íntima e cúmplice na Terra vista sob a perspectiva do território e da tecnologia globalizante.

Precisamos acrescentar o porquê de a cibernética ainda não ser suficiente como solução não dualista antes de chegarmos a um entendimento sobre localidade. A lógica da cibernética ainda é formal; por isso, ela subestima o ambiente ao reduzi-lo a mera funcionalidade baseada em um *feedback*, de modo a integrá-lo à operação de um objeto técnico. Nesse aspecto, o ambiente é exposto como objeto científico e tecnológico, enquanto sua posição no interior da gênese da tecnicidade é ignorada. É também por isso que até a terceira parte de *Do modo de existência dos objetos técnicos*, Simondon declara que a análise da evolução dos objetos técnicos e a da relação entre o humano e a técnica não são suficientes para a compreensão da tecnicidade, mas que ainda é necessário *situar* a concretização técnica no interior da gênese da tecnicidade – o que significa relacionar o pensamento tecnológico a outros pensamentos. O projeto inacabado de Simondon (analisado do ponto de vista da cosmotécnica) sugere a concepção de uma gênese que começa por uma fase mágica que se bifurca constantemente, primeiro entre técnica e religião, e cada uma delas, em um segundo estágio, se bifurca em partes teóricas e práticas.

Simondon entende o desenvolvimento tecnológico como em um enredamento constante com o pensamento religioso, estético e filosófico, em oscilação entre a divergência exigida pela tecnologia e a convergência necessária ao pensamento. Tecnicidade significa aqui a especificidade cosmogeográfica da tecnologia e de que modo esta participou do processo de modelagem da mentalidade tecnológica, que inclui a compreensão da tecnologia, a sensibilidade quanto a matéria, forma e outras formas de existência, a relação entre arte e espírito etc. É também por essa razão que o projeto de Simondon deve ser levado adiante com base na investigação das especificidades cosmológicas das culturas. Quase um século atrás, Tetsurō Watsuji, por exemplo, tentou indicar como os ambientes afetam as formas de ver e pintar. A palavra japonesa *fûdo* vem dos caracteres chineses para vento (風) e solo (土). Watsuji classifica três tipos de *fûdo*: monção, deserto e prado. Como breve exemplo das observações de Watsuji, cite-se sua noção de que, como a Ásia sofre intensamente com as monções, a falta de mudanças sazonais daí resultante cria uma personalidade mais tranquila. Esse fenômeno seria perceptível sobretudo no Sudeste Asiático, já que ali o clima é sempre muito quente e a natureza oferece abundância de alimentos, de modo que não seria necessário trabalhar muito para sobreviver e não haveria necessidade de se preocupar com o dia a dia. Do mesmo modo, Watsuji argumenta que a falta de recursos naturais nos desertos do Oriente Médio criou solidariedade entre as pessoas, por isso o povo judeu, ainda que tenha vivido em Diáspora, se manteve unido. Já nos prados da Europa, as mudanças sazonais regulares e bem marcadas dão prova da constância das leis da natureza e, assim, sugerem a possibilidade de dominação do meio ambiente pela ciência. Essa especificidade cosmológica propiciaria o surgimento de diferentes técnicas; na Grécia, por exemplo, a abundância de sol e de céu limpo daria prioridade à forma, ao passo que o *fûdo* obscuro da Ásia favoreceria um estilo nebuloso na pintura.[23] A cosmogeograficalidade constitui uma dimensão importante da localidade.

O pensamento cibernético ainda é um pensamento totalizante, já que visa absorver o Outro em seu interior – como a lógica hegeliana, que vê a polaridade não como oposicional, mas como motivação para uma identidade sintetizada. É também por isso que o hegeliano e entusiasta da cibernética Gotthard Günther considera a cibernética, em sua essência, a concretização operacional (técnica) do reflexivo hegeliano – isto é, da lógica dialética.[24] A complexificação da lógica cibernética leva, finalmente, à totalidade absoluta. Com isso em mente, e sem sermos capazes de aqui reiterar a interpretação de Günther do lugar da lógica reflexiva hegeliana na cibernética, podemos provavelmente formular nosso argumento da seguinte maneira: *pensar para além da cibernética é pensar para além do efeito totalizante de um pensamento não dualista*. Em outras palavras, como reintroduzir a questão da localidade no discurso da máquina e da ecologia de hoje? E como essa reintrodução da localidade contribui para o discurso sobre as máquinas?

Não estamos opondo máquinas a ecologia, como se as máquinas fossem aquelas coisas que só servem para violentar a Mãe Natureza e violar a harmonia entre o ser humano e a natureza – uma imagem atribuída à tecnologia desde o fim do século XVIII. Também não estamos seguindo a hipótese de Gaia de que a Terra é um único superorganismo ou uma coletividade de organismos alinhada com o pensamento de James Lovelock e Lynn Margulis. Em vez disso, gostaria de propor uma reflexão sobre a ecologia das

23 T. Watsuji, op. cit., p. 90.

24 Gotthard Günther, *Das Bewußtsein der Maschinen Eine Metaphysik der Kybernetik*. Baden-Baden / Krefeld: Agis-Verlag, 1963, p. 95.

máquinas. Para dar início a essa ecologia das máquinas, precisamos primeiro voltar ao conceito de ecologia. Seu fundamento está na diversidade, já que é apenas com biodiversidade (ou multiespécies que incluam todas as formas de organismos, inclusive bactérias) que os sistemas ecológicos podem ser conceitualizados. A fim de discutir uma ecologia de máquinas, precisaremos de uma noção diferente e em paralelo com a de *biodiversidade* – uma noção a que chamamos *tecnodiversidade*. A biodiversidade é o correlato da tecnodiversidade, uma vez que sem esta só testemunharemos o desaparecimento de espécies diante de uma racionalidade homogênea. Tomemos como exemplo os pesticidas, que são feitos para matar certa espécie de insetos independentemente de sua localização geográfica, precisamente porque são baseados em análises químicas e biológicas. Sabemos, no entanto, que o uso de um mesmo pesticida pode levar a diversas consequências desastrosas em biomas diferentes. Antes da invenção dessas substâncias, empregavam-se diferentes técnicas para combater os insetos que ameaçavam as colheitas dos produtos agrícolas – recursos naturais encontrados na região, por exemplo. Ou seja, havia uma tecnodiversidade antes do emprego de pesticidas como solução universal. Os pesticidas aparentam ser mais eficientes a curto prazo, mas hoje é fato bastante consolidado que estávamos o tempo todo olhando para nossos pés quando pensávamos sobre um futuro longínquo. Podemos dizer que a tecnodiversidade é, em essência, uma questão de localidade. Localidade não significa necessariamente etnocentrismo, nacionalismo ou fascismo, mas é aquilo que nos força a repensar o processo de modernização e de globalização e que nos permite refletir sobre a possibilidade de *reposicionar* as tecnologias modernas. A localidade também é crucial para que possamos conceber uma multiplicidade de cosmotécnicas. Ela não é usada aqui no sentido de políticas identitárias, nem como um recuo ao tradicionalismo expresso de uma forma ou de outra, mas para fazer com que múltiplas localidades inventem seus próprios pensamentos e futuros tecnológicos – uma imunologia, ou, melhor dizendo, imunologias que ainda precisam ser escritas.

Quais são hoje as localidades de países não europeus como o Japão, a China, o Brasil? A longa exposição de Heidegger sobre as relações entre a tecnologia e a filosofia tem o Ocidente como ponto de orientação. Devemos tomar o termo "orientação" em seu sentido literal aqui ou, mais especificamente, como *Erörterung* – isto é, uma identificação quanto a onde se está e ao que se virá a ser. É nesse sentido que Heidegger se revela também um pensador da geopolítica. Hoje, engajar-se com o projeto de Heidegger (e também superá-lo) é levar suas reflexões para além da Europa. Quero lançar esse desafio na forma de uma pergunta especulativa: é possível identificar o pensamento técnico de culturas não europeias da mesma forma como identificamos seus diferentes *fûdos*? Esses pensamentos tecnológicos poderiam contribuir para a imaginação de futuros tecnológicos diferentes, que por ora estão infelizmente dominados pela ideologia transumanista? Estou inclinado a acreditar que é possível e necessário redescobrir tecnologias diferentes – o que chamo "cosmotécnica". Ela não se resume a modos diferentes de fazer as coisas, como no caso de técnicas diferentes de tricotar ou de tingir tecidos. Uma primeira definição do termo[25] é a unificação da moral e do cósmico por meio de atividades técnicas. O termo "unificação" ainda precisará ser um pouco mais elaborado para nossos propósitos aqui,[26] e a cosmotécnica deve ser entendida como uma *Urtechnik* [técnica primordial] que desa-

25 Ver Y. Hui, *The Question Concerning Technology in China*, op. cit.

26 Aprofundarei essa noção de "unificação" em meu livro *Art and Cosmotechnics* [Arte e cosmotécnica], University of Minnesota Press, no prelo.

fia nosso entendimento atual sobre a tecnologia e, desse modo, também sobre o futuro. Essa especificidade cosmológica deve ser repensada para além da física astral, para além da conceitualização do universo como sistema termodinâmico; ela também deve rearticular a questão da moral para além das regras éticas acrescentadas de modo posterior como limitações às novas tecnologias. Atividades técnicas unificam a ordem moral e a ordem cósmica; e, por "unificação", quero dizer processos recíprocos que reforçam uns aos outros de modo constante a fim de adquirir novos sentidos. É por esse motivo que quis reinterpretar aquilo que André Leroi-Gourhan chama "tendência técnica" e "fatos técnicos".[27] Tendências técnicas são aquilo que parece ser universal, como as leis da natureza, ou, por exemplo, o uso de pedras para produzir o fogo e a invenção da roda, coisas que podem ser encontradas em quase todas as civilizações (raramente vemos algum tipo de roda triangular, se é que o vemos fora da imaginação). Fatos técnicos são os atributos particulares que variam de uma civilização para a outra; em seu processo de difusão, a tecnologia era filtrada e modificada de acordo com limitações intrínsecas ao ambiente interno. Para Leroi-Gourhan, fatos técnicos são determinados por uma série de fatores, mas principalmente por limitações materiais – já eu tendo a pensar que as diferenças em fatos técnicos dão origem a diferentes cosmologias e a suas próprias limitações morais, que abrangem muito mais do que a estética funcional.

Gostaria de concluir este texto com uma pergunta feita pelo "bioquímico que virou sinólogo" Joseph Needham: por que a ciência e a tecnologia moderna não se desenvolveram na China e na Índia, mas apenas na Europa? Historiadores que tentam

27 A. Leroi-Gourhan, *L'Homme et la matière*. Paris: Albin Michel, 1973, pp. 27–35.

responder a essa questão tendem a realizar estudos comparativos sobre o avanço da tecnologia na Europa e na China como se a essência da tecnologia se relacionasse apenas com a eficiência e com causalidades mecânicas: por exemplo, no século II, a produção de papel era mais avançada na China do que na Europa. No entanto, me parece que essa linha de investigação falseia a posição do próprio Needham. E isso porque ele estava sugerindo que havia duas trajetórias diferentes de tecnologia na China e na Europa, menos limitadas por causas materiais do que por diferentes modos de pensamento e formas de vida. Dito de outro modo: para responder à pergunta de Needham, não precisamos mostrar quem é mais avançado do que o outro, mas explorar os diferentes sistemas de pensamento tecnológico.

Desde o século XIX, o avanço tecnológico nos presenteou com uma convergência que algumas vezes parece inevitável e, em outras, problemática; uma aproximação, no entanto, que hoje precisa ser fragmentada em prol de outras formas de convergência. A investigação das relações entre máquinas e ecologia não se refere tanto a como projetar máquinas mais inteligentes, mas exige, antes de tudo, descobrir a diversidade cosmotécnica – e diversidade precisa ser pensada sob um retorno à questão da localidade, de modo a rearticular o conceito de técnica por meio de seu reposicionamento nos limites do ambiente, da cultura e do pensamento geográfico. A tarefa deixada a todos nós consiste em um esforço por redescobrir essa cosmotécnica para que possamos atribuir outras posições à tecnologia moderna – e isso por meio da atribuição de *posições* às *composições* (*Gestell*); será somente a partir dessas novas posições que seremos capazes de imaginar "uma nova terra e um povo que não existe ainda".[28]

 28 G. Deleuze e F. Guattari, op. cit., p. 130.

5

VARIEDADES DA EXPERIÊNCIA DA ARTE

O fim da filosofia revela-se como o triunfo do equipamento controlável de um mundo técnico-científico e da ordem social que lhe corresponde. Fim da filosofia quer dizer: começo da civilização mundial fundada no pensamento ocidental europeu.
MARTIN HEIDEGGER, "O fim da filosofia e a tarefa do pensar"

O maior dos quadriláteros não possui ângulos. O maior dos instrumentos demora a ser completado. O maior dos sons ressoa em silêncio. A maior das imagens não tem forma.
LAO ZI, *Dao De Ching*

1
UMA REFLEXÃO PÓS-EUROPEIA SOBRE A ARTE

Quando Martin Heidegger anunciou o fim ou o "acabamento" da filosofia ocidental, ele atribuiu à cibernética esse apogeu a um ponto culminante da metafísica. Para sintetizar o que foi dito no capítulo anterior, "Máquina e ecologia", a lógica cibernética afirma já ter obliterado as categorias dualistas na filosofia por meio das noções de *feedback* e informação. As categorias dualistas mais dignas de nota a ser suprimidas são o mecanismo e o organismo. Esse par representa respectivamente a tecnologia desprovida de vida e o sujeito hermenêutico. Essa diferença é essencial para a *Crítica da faculdade de julgar*, publicada por Kant em 1790, e, mais tarde, para a filosofia da subjetividade – e é uma das razões pelas quais adotei a perspectiva do idealismo alemão e da epistemologia francesa para reconstruir a história do pensamento recursivo de Kant à cibernética em *Recursivity and Contingency* [Recursividade e contingência]. Se desde o fim do século XVIII Kant impõe o orgânico como condição do filosofar, então no século XX a cibernética impõe uma nova condição de filosofar ao afirmar que não há diferença de gênero entre o orgânico (ou, mais precisamente, o vitalismo) e o mecânico, mas apenas uma diferença de grau.

Retrospectivamente, talvez seja útil entender que a afirmação de Heidegger não trata apenas do destino da filosofia ocidental, mas também da geopolítica. No ensaio "O fim da filosofia e a tarefa do pensar", de 1964, Heidegger defende que o fim da filosofia significa ao mesmo tempo que a filosofia ocidental se realiza na cibernética e que o desenvolvimento futuro da civilização mundial terá de se orientar a partir do pensamento da Europa ocidental. Essas duas observações são parte de um mesmo processo. A cibernética em si é a encarnação da lógica hegeliana, que faz avançar uma totalização e uma unificação tal qual a visão que o próprio Hegel tinha da história do mundo; assim, o fim da filosofia também está carregado de sentido geopolítico, isto é, modernização *como* modernização. Já sugerimos que, para que o pensamento possa ter início depois da cibernética, ele exigirá, em primeiro lugar, uma *fragmentação* como condição para o desdobramento da diversidade do pensamento filosófico, estético e tecnológico. A fragmentação é não dialética; na verdade, ela tende a desmontar a tendência totalizante da dialética e a liberar aquelas tendências que são eclipsadas por uma visão do progresso da história. Podemos entender de modo retrospectivo que a tese de Heidegger quanto ao fim da filosofia é justamente uma descrição dessa nova condição do filosofar.

Sem essa capacidade de autorreflexão e de refletir sobre a condição do ser da filosofia – logo, da capacidade de se reinventar como poder transformativo –, nunca alcançaremos uma filosofia pós-europeia, e, assim, o futuro da arte e da tecnologia permanecerá obscuro. Uma filosofia pós-europeia não é antieuropeia; ela não deve ser inventada apenas na América Latina, na Ásia ou na África, mas também na Europa. Como asiático, tenho a impressão de que, depois de centenas de anos de modernização na Ásia oriental – e apesar dos esforços tremendos para a preservação dos pensamentos confucionistas, taoista e budista e das comparações entre Ocidente e Oriente –, ainda não fomos bem-sucedidos em nos mover em direção ao que uma filosofia pós-europeia pretende ser. Tanto a Escola de Kyoto, no Japão, quanto os neoconfucionistas, na China, parecem ter falhado em fazê-lo por uma série de razões. Algo em comum: todos esses pensamentos se veem impotentes perante o mundo tecnológico, porque as transformações materiais e tecnológicas alienam o espírito de suas criações. Quão relevante, infelizmente, é a filosofia moral confuciana para os veículos autônomos e para os robôs sexuais do século XXI? Ou esses pensamentos deveriam ser nada mais que um tipo de psicoterapia *new age*?

O caminho rumo à filosofia pós-europeia só pode ser preparado por uma reflexão que se comporte como uma anatomia do pensamento a fim de projetá-lo para um futuro que ainda não foi determinado pelo desenvolvimento tecnológico atual e permanece uma incógnita – na forma tanto de contingência como de resistência. Essa civilização mundial baseada no pensamento da Europa ocidental, como afirmado por Heidegger, clama por fragmentação e diversificação. Não se trata de condenar a globalização / modernização ou a tecnologia moderna como um pecado, como algo que deve ser negado, desacelerado ou diminuído. Porque, nesse caso, ainda seríamos vítimas do dualismo que criticamos o tempo todo e que só nos levará à idiotice ou à hipocrisia. Nossa intenção aqui não é essa. O que estamos tentando dizer: será que dar um passo atrás na história e invocar outras formas de pensamento nos permitirá transformar a situação tecnológica que temos hoje? Transformar não implica negar ou eliminar, mas dar novas formas e novas posições – de modo a repor a *composição* (*Gestell*) que Heidegger identifica como a essência da tecnologia moderna.[1]

Sugiro a fragmentação como resposta a essa realização da metafísica para que possamos rearticular a questão da tecnodiversidade, essencial a todos os projetos de diversificação – seja na biologia, na cultura ou na geopolítica. Porque a tecnologia é antes de tudo o suporte (ou o que Jacques Derrida chama "subjétil") do pensamento e o meio pelo qual o pensamento é herdado e transformado; tanto a noodiversidade como a biodiversidade dependem da tecnodiversidade, que resiste aos esforços que pretendem sincronizá-la, reduzi-la a uma homogeneidade. "Fragmentação" significa, antes de tudo, desprender-se da convergência e da sincronização impostas pela tecnologia moderna, permitindo ao pensamento a divergência e a diferenciação. Ao confrontar a gigantesca força metafísica na tecnologia moderna, uma iniciativa possível é o retorno à questão da localidade. Quero explorar aqui a questão da arte. Há a arte chinesa, japonesa, europeia etc., mas o que a localidade significa para a arte, para além de um simples adjetivo pátrio? A essência da arte é a sua localidade, e será por uma interpretação desta que, juntos, seremos capazes de pensar *tragicamente*, no sentido de Nietzsche, e *para além* do trágico.

Também é aqui que o trabalho do filósofo e sinólogo François Jullien se mostra realmente importante para que possamos conceber a tarefa do pensar após o fim da filosofia, ou o que chamamos de uma filosofia pós-europeia. Jullien não é só um

1 M. Heidegger, *The Question Concerning Technology and Other Essays*, trad. William Lovitt. New York: Garland, 1977.

sinólogo que está interessado na história e na filosofia da China, mas também descreveu de modo metódico a China e a Europa como dois temperamentos filosóficos totalmente diferentes. E, por meio de tentativas ousadas de desenvolver essas diferenças, criou um espaço extraordinário em que um novo pensamento pode se desenvolver e se acomodar. Neste capítulo busco estabelecer uma discussão com François Jullien em torno de suas descobertas quanto às diferenças entre os pensamentos chinês e ocidental, mas também uma tentativa de passar ao largo de Jullien de modo a pensar qual poderia ser a significância de uma comparação desse tipo – tendo em mente a reflexão heideggeriana sobre o "começo da civilização mundial fundada no pensamento ocidental-europeu".[2] Para nós, os escritos de Jullien não são apenas, como ele mesmo diz, um desvio que permite à Europa se entender, mas também uma forma de fazer com que todos reflitam sobre a possibilidade e o futuro de um pensamento não europeu do qual o pensamento chinês é, aqui, um exemplo. Essa tarefa requer uma rearticulação com uma nova linguagem e um novo objetivo.

2
O TRAGISTA[3] E O TAOISTA

Em dezembro de 2016, durante a mesa-redonda comigo e François Jullien no Goldsmiths College, em Londres, o poeta e crí-

2 M. Heidegger, op. cit., p. 271.

3 "Tragista" é um termo que desenvolvo em *Art and Cosmotechnics* [Arte e cosmotécnica] (no prelo) para designar uma lógica não linear voltada à superação de contradições. Ver também capítulo 7, pp. 192–93.

tico de arte americano Barry Schwabsky levantou uma questão: existiu tragédia, no sentido grego, na China? Se não existiu, por que uma ideia do tipo não surgiu por lá? *Monsieur* Jullien respondeu imediatamente, e isso eu me lembro de cor: "*les chinois ont inventé une pensée pour éviter la tragédie*" [os chineses inventaram um pensamento para evitar a tragédia]. Seria realmente o caso de dizer que os chineses queriam evitar a tragédia? Ou será que a China não era solo em que o pensamento trágico pudesse florescer? Em outras palavras, a psicologia histórica da China não cultiva o pensamento trágico; essa psicologia pertence aos gregos dos séculos VI e V a.C. Em um diálogo entre o helenista Jean-Pierre Vernant e o sinólogo Jacques Gernet, Vernant sugeriu que isso provavelmente se devia às oposições totais presentes na cultura grega – seres humanos *vs.* deuses, visível *vs.* invisível, eterno *vs.* mortal, permanente *vs.* mutável, poderoso *vs.* impotente, puro *vs.* mestiço, certo *vs.* incerto – e ausentes na China, e isso poderia explicar, ao menos em parte, por que foram os gregos os inventores da tragédia.[4]

O que Jullien disse só faz sentido se tomarmos a tragédia em sua acepção comum, isto é, como histórias com um final triste. Somos obrigados a pensar, contudo, que o termo não foi usado em seu sentido atécnico no caso de Jullien, aclamado helenista e sinólogo. A arte trágica tem um lugar muito especial na arte ocidental – nas palavras de Arthur Schopenhauer, ela é "o ápice da arte poética", a "suprema realização poética".[5] Se

4 Jean-Pierre Vernant, *Myth and Society in Ancient Greece*, trad. Janet Lloyd. New York: Zone Book, 1996, pp. 97-98 [Ed. bras.: *Mito e sociedade na Grécia antiga*, trad. Myrian Campello. Rio de Janeiro: José Olympio, 1992].

5 Arthur Schopenhauer, *O mundo como vontade e como representação*, trad. Jair Barboza. São Paulo: Editora Unesp, 2005, p. 333.

o pensamento trágico está no âmago do pensamento estético ocidental, ele, no entanto, jamais foi tema do pensamento ocidental. Georges Steiner, por exemplo, diz em *A morte da tragédia* que "a arte oriental conhece a violência, a dor, e o gole do desastre natural ou planejado; o teatro japonês é cheio de ferocidade e morte cerimonial. Mas a representação do sofrimento e heroísmo pessoal que chamamos de drama trágico é distinta da tradição ocidental".[6] Steiner não se mostra pouco razoável ao dizê-lo, já que na China, por exemplo, o gênero conhecido como drama trágico surgiu somente durante a Dinastia Yuan (1279-1368), período da ocupação mongol e época em que, dizem, o italiano Marco Polo levou para a Europa o macarrão chinês. Em sua forma dramática, a tragédia se expressa por uma contradição entre a necessidade do destino e a contingência da liberdade humana – contradição esta projetada na oposição entre deuses e humanos, Estado e família ou, de maneira geral, em dois tipos de *dikē* [justiça], como a da morte e a celestial em *Antígona*.

Nas obras de Sófocles, Édipo, o homem mais inteligente a resolver o enigma da Esfinge, não pode deixar de matar seu pai, que o havia insultado, e de se deitar com sua mãe, enquanto aquilo que era desconhecido para Édipo era sabido pelos deuses, tal como contado por Tirésias, sacerdote de Apolo; Antígona deve lidar com o conflito entre as leis da pólis (não enterrar o corpo de um inimigo do Estado) e as obrigações familiares (o dever de enterrar seu irmão); o mesmo ocorre com Creonte, representante do Estado, mas também pai do noivo de Antígona e tio dela. Uma lógica tragista é um ato sublime que tenta resolver a contradição pela afirmação do destino – a origem dos sofri-

6 George Steiner, *A morte da tragédia*, trad. Isa Kopelman. São Paulo: Perspectiva, 2006, p. 1.

mentos do herói – a fim de transcendê-lo e dele se libertar. Em contraste com o pensamento trágico que se originou durante os séculos VI e V a.C. e foi revivido na Alemanha no fim do século XVIII por Schelling, Hegel e Hölderlin, entre outros, no Oriente podemos ver a expressão mais elevada da arte nas pinturas *shan-shui* (literalmente "montanha e água"). Essa diferença tem sido compreendida como um fato histórico, mas ainda estamos longe de apreender todos os seus significados e todas as suas implicações. Ela nos impele a analisar as variadas experiências em arte e, assim, também os pensamentos estético e filosófico subjacentes a essas experiências. Esse passo para trás em direção à origem da obra de arte, a que Martin Heidegger aspirou analisar desde os anos 1930 (e de maneira mais notável em *A origem da obra de arte*, de 1936), afirma a intimidade entre arte e técnica e a possibilidade de uma abertura da questão do Ser via arte – a arte como *technē* tem sua função no desvelamento (*Unverborgenheit*) do Ser.

Kikaro Nishida, o fundador da Escola de filosofia de Kyoto, disse certa vez que, se é verdade que o Ser constitui a questão principal do pensamento ocidental, então o pensamento oriental se preocupa sobretudo com o Nada; se a primazia da arte ocidental é a forma, então a arte oriental se dedica ao amorfo.[7] As noções de Ser e Nada e de mórfico e amórfico ainda precisam ser elucidadas. Não estamos preocupados, aqui, em aprofundar e julgar a afirmação de Nishida – o Nada, o gesto de rejeição da ontologia como o começo do pensamento oriental, aponta para um novo

7 Kitaro Nishida, "Form of Culture of the Classical Periods of East and West Seen from a Metaphysical Perspective", in D. A. Dilworth et al. (org. e trad.), *Sourcebook for Modern Japanese Philosophy*. London: Greenwood Press, 1998, p. 21.

espaço de investigação, que também é a "incubadora" de um novo pensamento. Em vez de empreendermos uma jornada pela Escola de Kyoto, vamos pegar um desvio pelos trabalhos de François Jullien, que também afirma algo parecido por meio do pensamento taoista, e em particular do *Tao Te Ching* de Lao Zi. Hoje, quando olhamos para o sujeito da arte e para a produção da arte, de um lado, e para a situação social, econômica e política que precisamos confrontar, de outro, nossa investigação se mostra insignificante, senão invisível, já que não traz consigo nenhum uso prático imediato. Mas isso talvez ainda seja algo a ser tematizado – como se diz na Doutrina do Meio de Zisi, "não há nada mais visível do que aquilo que é secreto, e nada mais manifesto do que aquilo que é mínimo" (莫見乎隱，莫顯乎微). Este texto é uma tentativa de entender como a questão da arte pode ser pensada à luz da nova condição do filosofar e no espírito da fragmentação.

3
FORMAS DE ACESSAR A VERDADE

Em *La Grande Image n'a pas de forme ou du non-objet par la peinture* [A grande imagem não tem forma ou do não objeto segundo a pintura], publicado em 2003, François Jullien propõe que o pensamento chinês prestou pouca ou praticamente nenhuma atenção à ontologia, já que a questão do ser não é essencial para ele. O título do livro é tirado do capítulo 41 do *Tao Te Ching*, no qual Lao Zi nos conta que não se deve procurar a grandeza em seres limitados, mas, ao contrário: "O maior dos quadriláteros não possui ângulos. O maior dos instrumentos demora a ser completado. O maior dos sons ressoa em silêncio. A maior das imagens não tem forma" [大方無隅，大器晚成，大音希聲，大象無形].

Dong Yuan, *Rios Xiao e Xiang* (瀟湘圖), Museu do Palácio de Pequim.

Jullien traduz *da xiang* (大象) como "grande imagem"; em seu sentido literal, *xiang* significa "elefante", "fenômeno" ou "imagem", e é muitas vezes intercambiável com a palavra *xing* (形), que pode ser traduzida como "forma". Ao selecionar essa frase ("a grande imagem não tem forma"), François Jullien tenta demonstrar que a pintura chinesa não dá ênfase à representação de formas, mas a um esforço constantemente voltado a enfraquecer a própria noção de forma – e aqui ele nos dá especificamente o exemplo de Dong Yuan (934-962), pintor do período das Cinco Dinastias e dos Dez Reinos que inaugurou um novo estilo de pinturas *shan-shui*, que retrata as paisagens do Chiang-nan (o sul do rio Iangtzé). Esse enfraquecimento da forma, ou a produção do não figurativo, se coloca em oposição à tradição filosófica ocidental, na qual o hilemorfismo tem sido considerado desde Aristóteles como o princípio mais elevado a que se pode aspirar. Em grego antigo, *hilē* quer dizer "matéria", e *morphēé*, "forma", de modo que hilemorfismo significa que a forma é a essência de acordo com a qual a matéria inerte adquire identidade. Uma noção próxima do mundo platônico de formas ideais, de *eidos*, alheio a toda experiência empírica – contudo, precisamos ter em mente, aqui, uma diferença significativa entre Platão e Aristóteles, já que Aristóteles é um empirista para quem a forma existe neste mundo, mas não para além dele. Forma, nesse contexto, significa tanto figuras genéricas quanto representações geométricas – elementos que contêm grande significado ontológico na pintura ocidental, mas muito menos na pintura chinesa. Jullien vê nessa falta de forma uma estética e uma experiência da arte totalmente diferentes. Ao se referir à pintura de Dong Yuan, ele afirma que:

> As paisagens de Dong Yuan, "emergentes-submergentes", "entre existe-não existe", nos distanciam tanto do milagre (da presença) quanto do *páthos* (da ausência). Elas se abrem para um além ou, ainda, para as margens de êxtase e tragédia [...]. Em outras palavras, é de se esperar que as pinturas de Dong Yuan disponibilizem meios de acesso não teológicos, não ontológicos.[8]

As proposições de François Jullien são ousadas e, às vezes, problemáticas – porém, mais do que qualquer outra coisa, estimulantes. Para Jullien, o "emergente-submergente" e o "entre existir e o não existir" vão além da oposição entre presença e ausência, isto é, do dualismo essencial à tradição filosófica ocidental – uma linha de crítica que Jullien tomou emprestada de Heidegger,[9] constantemente explorada em seus outros trabalhos como *Le Nu impossible* [O nu impossível], de 2007,[10] ou Cette étrange idée du beau [Esta estranha ideia de belo], de 2010.[11] Assim, Jullien afirma que essa resistência contra a repre-

8 François Jullien, *The Great Image Has No Form, On the Nonobject through Painting*, trad. Jane Marie Todd. Chicago: University of Chicago Press, 2009, p. 7.

9 Ibid., p. 5.

10 Id., *The Impossible Nude – Chinese Art and Western Aesthetics.* Chicago: University of Chicago Press, 2007.

11 Id., *This Strange Idea of the Beautiful.* Calcutá: Seagull Books, 2014.

sentação possibilita um acesso que não é nem ontológico nem teológico. Dessa citação surgem duas perguntas não respondidas pelo próprio Jullien, e, de modo paradoxal, essas duas questões também revelam um argumento contraditório. Em primeiro lugar, se os chineses são não ontológicos e os ocidentais, ontológicos, então Jullien fixa as bases de seus argumentos em um dualismo fundado na oposição absoluta entre Oriente e Ocidente – e, como diferença não significa necessariamente oposição, seria possível afirmar que há uma diferença *absoluta* entre Oriente e Ocidente, mas não é necessariamente uma oposição; em segundo lugar, o que esse "meio de acesso" deseja e para onde ele pretende ir, quando Jullien invoca "meios de acesso não teológicos e não ontológicos"? E qual a relação entre destino e meios de acesso? Tentarei responder a essas duas questões a fim de esboçar um pouco minhas ideias e, mais importante, rascunhar uma abordagem metodológica.

Mas, antes de fazê-lo, precisamos voltar, em primeiro lugar, à questão da arte em si mesma. Não será demais lembrar o que Hegel diz em seus *Cursos de estética*, o famoso veredito sobre o fim da arte. Nele, Hegel diz que na Grécia antiga a arte – sobretudo a trágica – era a forma mais elevada de vida espiritual e mais tarde foi substituída pela religião – já que, para além de pinturas e esculturas, a religião exige um elemento mais importante do que a arte, a devoção (*Andacht*). Depois da religião, Hegel afirma que essa forma mais elevada já não é mais a arte ou a religião, mas a filosofia, uma vez que esta consistia no modo supremo de apreender a ideia absoluta: o conceito (*Begriff*).[12] Enfrentar o argumento polêmico do fim da arte não está entre

12 G.W. F. Hegel, *A ciência da lógica* [1812], trad. Christian G. Iber e Federico Orsini. Rio de Janeiro: Vozes, 2017, pp. 313–14; também citado

os propósitos deste texto, mas talvez seja útil entender que a arte se relaciona em primeiro lugar com a vida espiritual, ao que eu chamaria de não racional. O espiritual não é nem racional nem irracional, mas não racional – como a questão do Ser que encontramos nas obras de Martin Heidegger.

Retomamos a afirmação de Heidegger no sentido de que, para os gregos, a *technē*, que quer dizer tanto arte quanto técnica, significa principalmente o desvelamento do Ser (*Sein*). Os gregos se referiam a esse desvelamento como *aletheia*, isto é, "a verdade". É preciso traçar a distinção entre o Ser (*Sein*) e os seres (*Seiendes*) ou entidades – por exemplo, este ou aquele objeto (*Gegenstand*) que estão diante de mim como detentores de propriedades. Para Heidegger, a história da filosofia ou da metafísica no Ocidente é uma história do esquecimento da questão do Ser, já que seu objetivo é a apreensão dos seres como tais e em sua totalidade enquanto ignora o Ser que foge tanto do racional quanto do irracional. O que é o Ser exatamente? A pergunta é em si mesma tautológica, mas ainda assim poderíamos dizer que se trata de algo que pode ser experimentado como um desvelamento. No entanto, não há como demonstrar o que é o Ser da mesma forma como o faríamos com um objeto ou uma prova matemática. O Ser permanece como algo não demonstrável e, justamente em função dessa resistência a qualquer demonstração formal, excluído da metafísica. É por essa razão que a história do pensamento ocidental se aperfeiçoa na ciência e na tecnologia modernas – mais especificamente, na ciência dos seres; é frequente que o *não racional* seja atribuído exclusivamente aos místicos.

em Robert Pippin, *After the Beautiful. Hegel and the Philosophy of Pictorial Modernism*. Chicago: Chicago University Press, 2014, p. 6.

Devemos reconhecer que o não racional é fundamental para a arte e para a religião. O não racional exige um processo de racionalização, mas isso não significa que ele seja racionalizado, no sentido de que poderia ser formulado de acordo com a lógica formal; aqui, pelo contrário, racionalizar significa tornar o não racional compatível com nossa experiência. Na poesia, a experiência do não racional é alcançada pelo uso inovador da linguagem como forma de libertação de sentidos aprisionados na linguagem comum; na religião, a experiência de Deus é alcançada via arquitetura das igrejas, cerimônias, dogmas – ninguém é capaz de demonstrar o que é Deus, mas é possível vivenciá-lo na devoção, como diz Hegel. É também por isso que no posfácio de *A origem da obra de arte*, de 1936, Heidegger afirma que

> Não é possível esquivar-se quanto à sentença que Hegel profere nessas frases, constatando-se: desde que a Estética de Hegel foi exposta pela última vez, no semestre do inverno de 1828/29, na Universidade de Berlim, vimos nascer muitas e novas obras de arte e movimentos artísticos. Hegel nunca quis negar esta possibilidade. Porém, a questão continua: a arte é ainda um modo essencial e necessário, no qual a verdade decisiva acontece para nosso Entre-ser histórico ou a arte não é mais isso?[13]

Se invocamos esse diálogo entre Heidegger e Hegel aqui, é para mostrar que a arte nos dá acesso ao não racional – e essa não racionalidade, que deve ser distinguida da racionalidade científica e da mera irracionalidade, também terá de se apropriar da racionalidade da ciência e da tecnologia e transformá-la. Trata-

13 M. Heidegger, *A origem da obra de arte* [1950], trad. Idalina Azevedo e Manuel António de Castro. São Paulo: Edições 70, 2010, p. 205.

-se de algo que não podemos eliminar da arte, e, por isso, refletir hoje sobre o papel da arte na nossa época tecnológica continua relevante (se é que isso não se intensifica). Gostaria de dar ênfase neste último ponto sobre a ciência, pois acho que Henri Bergson estava certo ao dizer que a arte e a filosofia não podem ter a ciência como ponto de partida, mas, em vez disso, devem manter uma relação íntima com a ciência e com a tecnologia a fim de tornarem essa experiência do não racional acessível. A arte e a filosofia têm por objetivo alcançar aquilo que está interditado em uma dada época através da *epoché* (o que, no sentido fenomenológico, significa "suspender") – em outras palavras, arte e filosofia pretendem suspender a época em que estão inseridas, e é isso que faz com que o pensamento seja sempre desconhecido de si mesmo.

Talvez seja útil denominar esse processo, invocado por François Jullien como "meio de acesso não ontológico e não teológico", como *tao*. Não é possível nem razoável negar que o Ocidente tenha seus próprios meios de acesso ao não racional – o que leva às diferenças entre esses meios é justamente o sentido exato que se dá ao não racional e a seus meios de acesso. O sentido concreto do não racional se correlaciona com o mundo cosmológico em que as pessoas vivem e que molda a mentalidade das culturas; seus meios de acesso são expressos pela arte e pelas tradições, uma experiência estética que se mostra excepcional e extra-ordinária no sentido de que racionaliza o não racional e constrói um plano de uniformidade no que concerne a uma vida espiritual.

4

TAO E A LÓGICA DE XUAN

Quando alguém está diante de uma paisagem pintada por Dong Yuan, por exemplo, ou Guo Xi (1020-1090), a experiência é de dissolução do sujeito, que consegue participar do não racional e nele se torna parte de uma realidade mais ampla. O sujeito em si já não é mais Nada nem Ser - é ao longo da experiência de reconfiguração dinâmica oferecida pela própria paisagem que a relação sujeito-objeto, tão crucial à ciência moderna, é obliterada. A distância entre o observador e a pintura desaparece e, em seu lugar, é revelado um caminho, um *tao* ("caminho", "passagem", em sentido literal) que leva o observador em direção ao não racional. Os confucionistas chamam essa experiência de "participação no céu e na terra" (參天地), a condição necessária a um sujeito moral cuja responsabilidade é facilitar o crescimento de outros seres.

Essa referência ao *tao* define o papel dos seres humanos e também sua posição no cosmos - isto é, no céu (*tian*天, *qian*乾) e na terra (*di* 地, *kun* 坤). Poderíamos nos referir a esse fenômeno como uma cosmologia moral que pode ser encontrada ao longo da história do pensamento e da arte chineses. No Ocidente, pelo contrário, há uma determinação da essência (*ousia*) a partir da subsunção de muitos em um único - aquilo que Aristóteles chamava *to theion*, o divino. Essa insistência na ideia e em Deus como os bens supremos consiste naquilo a que Heidegger se refere como uma história da *ontoteologia* no Ocidente, também é a razão pela qual Jullien faz uma referência implícita a Heidegger quando diz que o pensamento chinês é não ontológico e não teológico.

Contudo, não podemos de forma alguma dizer que não há uma tentativa de espiritualidade na arte do Ocidente. Pelo contrário, essa tentativa é onipresente, mas os meios

Guo Xi, *Início da primavera* (早春圖), Museu do Palácio de Taipei.

de acesso (ou as mistagogias) variam. Mas precisamos ter em mente as nuances dessa afirmação. Na seminal *Crítica da faculdade de julgar*, Kant define o belo em quatro momentos, em correspondência aos quatro grupos de categorias desenvolvidas na *Crítica à razão pura*: qualidade, quantidade, relação e modalidade. Esses quatro momentos, por sua vez, são o prazer desinteressado, a universalidade subjetiva, a finalidade sem fim e a legalidade sem lei. A universalidade subjetiva e a legalidade sem lei são a afirmação da existência do belo, enquanto os outros dois momentos são suas definições negativas – prazer *sem* interesse, finalidade *sem* fim. Isso significa que uma definição positiva, como uma demonstração matemática do belo, não é possível.

Sua existência só pode ser apreendida de modo subjetivo na forma de "como se". Não sabemos de modo objetivo o que é belo, assim como não sabemos qual é o propósito da natureza – somos capazes de sabê-lo, subjetivamente, "como se". O conceito kantiano de belo, dominante no discurso da arte desde o século XVIII, parece ecoar o que chamamos não racional, enquanto o belo reside entre o racional e o irracional. Há diferenças significativas entre o *tao* e o belo kantiano, ainda que possamos inserir ambos na categoria do não racional. Kant se baseia naquilo a que se refere como "juízo reflexionante" a fim de articular o belo, isto é, aquilo que se inicia no particular para alcançar o universal. O que continua a ser uma filosofia da subjetividade, já que, ao confrontar o poder arrebatador da natureza e ao reconhecer a própria derrota, o sujeito pode, no entanto, se elevar a uma lei moral – o respeito (*Achtung*). Essa elevação é heroica e sublime, já que fundamentalmente *tragista*. Um herói trágico é alguém que supera uma contradição necessária por meio de uma afirmação desse destino como normalidade. Como demos a entender na abertura deste texto – e em oposição à arte trágica, "a mais alta realização poética" da arte ocidental –, encontramos na pintura *shan-shui* a expressão poética mais elevada da arte chinesa. No lugar do sublime, encontramos a suavidade. Essa suavidade (diferente do amor nas pinturas românticas descritas por Hegel) tem o poder de dissolver o sujeito, que é lançado de maneira recursiva em realidades cada vez mais amplas e que permitem o reconhecimento de nossa insignificância e a apreciação de nossa existência não como senhores da natureza, mas como parte do *tao*. O sujeito não é nem elevado (pela transcendência de oposições) nem reduzido a um nada, mas toma parte igualmente no céu e na terra.

Nossa breve comparação *não* faz justiça à complexidade que pretendemos abordar, já que isso demandaria elaborações mais qualificadas que, no entanto, teríamos de desenvolver em outro texto.[14] Toda generalização traz suas exceções, mas espera-se que esta breve discussão ofereça ao menos uma janela voltada para um pensamento estético sobre tradições diferentes que ainda precisam ser apreendidas filosoficamente – e, nesse aspecto, as obras de Jullien são uma contribuição significativa. É provável que agora possamos nos voltar para nossa segunda pergunta: como então esse acesso ao não racional é possível? Isso se daria simplesmente porque a questão da forma está enfraquecida? Não há causalidade necessária entre o enfraquecimento da forma e o surgimento da grande imagem; e não há obra de arte sem forma. François Jullien está certo ao dizer que o essencial para a pintura chinesa não é a questão da forma, mas a da grande imagem (*da xiang*); contudo, isso não significa a criação de uma arte sem forma. Quando estudamos caligrafia e pintura de paisagens, o primeiro exercício consiste na imitação das formas dos caracteres, de pedras, de pássaros, de árvores. Se quisermos pintar a grande imagem, deveremos evitar a enunciação e a busca pela exatidão das formas. Assim, é injustificável dizer que o pensamento chinês não presta atenção à forma, e isso não apenas porque todos os pintores devem aprender através da cópia de formas, já que elas seriam um passo fundacional rumo à expressão do *tao*. No entanto, a forma também é exatamente aquilo que o *tao* visa superar, porque o *tao* é ao mesmo tempo o menor e o maior, o distante e o próximo – é a liberdade desprovida de formas e de dimensões. Desse modo, seria provavelmente mais justo dizer que no pensamento chinês há uma tentativa consciente de superar a forma, de transcender o figurativo rumo ao amorfo. À primeira vista, esse esforço pode parecer ecoar as investigações fenomenológicas feitas a partir da arte moderna

14 Tarefa que realizo em *Art and Cosmotechnics* (no prelo).

no século XX, como em Cézanne (Maurice Merleau-Ponty), Giacometti (Jean-Paul Sartre), Kandinsky (Michel Henry) e Klee.

Se Lao Zi diz que a grande imagem não tem forma, podemos afirmar, de maneira inversa, que todas as imagens possuem forma, pois ainda não são "grandes". "Grande" (大) é outro nome para *tao* [ou *dao*] – lemos no capítulo 25 do *Dao Te Ching* que "Eu não conheço o seu nome. *Dao* é [apenas] um apelido que lhe dei. Se forçado a dizer seu nome, chamá-la-ei de 'Grande'".[15] Assim, teremos de ressaltar que não é que o pensamento chinês não presta atenção às formas, mas ele procura alcançar algo que está além delas – o que podemos chamar de *tao*. Não é possível ter *xiang* sem ter primeiro a impressão de sua *xing* (forma), e não é possível conhecer seu *tao* sem se distanciar do *xiang* e da *xing*. Para que possamos entender isso, precisamos nos voltar para o pensamento do período Weijing, quando o confucionismo e o taoismo estavam reconciliados e o budismo tinha sido absorvido pela linguagem taoista. É durante esse mesmo período que a pintura *shan-shui* começa a tomar forma. Uma ideia-chave proposta por Wang Bi (226–249) – o intérprete mais importante de Lao Zi – e compartilhada entre intelectuais é a apreensão do *xiang* pelo esquecimento de sua descrição exata (得象忘言), assim como a apreensão do *yi* (意 / sentido) pelo esquecimento do *xiang* (得意忘象). "Esquecer" não significa, aqui, abandonar, mas transcender, ir além. Em primeiro lugar, essa foi uma tentativa de ler o *I Ching* em contraste com a escola divinatória, já que Wang Bi propunha ignorar a exploração detalhada do *xiang* diferente a fim de apreender a essência dos símbolos proféticos; em segundo lugar, também se mostrou como uma leitura possível de Lao Zi, em que há a formação de uma lógica não linear

15 Lao Zi, op. cit., pp. 309–10.

a que chamamos continuidade opositiva e unidade opositiva – e que precisa ser diferenciada de uma lógica tragista.

Yi e *xing / xiang* se colocam em posições opostas. À primeira vista, esse fato parece dar prioridade ao *yi*, e desse modo seria possível concordar com a afirmação de Jullien. Contudo, e como já dissemos antes, não há como se dirigir ao *yi* sem que haja *xing* e *xiang*; é preciso começar com *xing* e *xiang* para alcançar *yi*, e não há *yi* se não há *xing* e *xiang*. Há uma relação de reciprocidade entre *xing* e *yi*, como também no caso de *you* (有 / ser, ter) e *wu* (無 / nada). *Wu* e *you* estão em uma relação recíproca a que se dá o nome de *xuan* (玄) – em sentido literal, preto, escuro, misterioso, mas também um terceiro elemento que unifica tanto *wu* como *you* de modo recursivo, isto é, *xuan zi you xian* (玄之又玄, "*xuan* de *xuan*" ou "*xuan* e *xuan* de novo"). Encontramos essa expressão na parte final do primeiro capítulo do *Tao Te Ching*: "Esses dois surgiram de um mesmo [lugar], mas têm nomes diferentes. Esse mesmo [lugar] chama-se mistério; há um mistério dentro do mistério: [e essas são] as portas para uma multidão de maravilhas".[16] *Xuan* pode ser adjetivo ou verbo; trata-se de uma lógica não linear. Nós a chamamos uma *lógica taoista* para diferenciá-la de uma *lógica tragista*. De acordo com a lógica do *xuan*, não existe Ser sem Nada, nem Nada sem Ser. Entre *wu* e *you*, há uma continuidade, não uma ruptura. Nós a chamamos de uma continuidade oposicionista. O *Tao Te Ching* de Lao Zi está repleto de dualidades, já que a oposição é da dinâmica do *tao* (反者道之動). Mas essas dualidades não constituem um dualismo no sentido de uma ruptura opositiva, como *res cogitans* e *res extensa*. Essa continuidade opositiva se apresenta mais como harmonia do que como tensão ou violência.

 16 Ibid., pp. 69-71.

Podemos pretender ir mais adiante e afirmar que esse movimento composto em igual medida pela oposição e pela unificação – a que chamamos *xuan zi you xuan* (玄之又玄) – também apresenta uma estratégia geral de reconciliação entre o confucionismo e o taoismo durante o período Weijing. Estudiosos dos clássicos concordam que a Teoria Xuan do período Weijing procura reconciliar a denominação e a ordem (*ming jiao*, 名教, que traz implícita a ideia de hierarquia social) com a natureza (*zi ran*, 自然, que busca a liberdade). O confucionismo se refere à ordem e à denominação da sociedade, enquanto o taoismo propõe o abandono dos rituais e das ordens. Quando Weijing sucedeu à Dinastia Han, o confucionismo era o pensamento dominante. Com o declínio desta, o confucionismo também foi contestado pelo taoismo. Os pensadores Weijing não eram pensadores taoistas puros, mas pretendiam reconciliar a flagrante oposição entre o confucionismo e o taoismo. A estratégia para solucionar essa contradição aparente foi mostrar que essa oposição se referia a um movimento de unificação. Wang Bi propôs quatro oposições que, sem exagero, são essenciais ao pensamento chinês: nada-ser (無有), central-periférico (本末), corpo-uso (体用) e *tao-chi* (道器) – e, ao mostrar também as semelhanças entre o confucionismo e o taoismo, reconcilia-os em um movimento recursivo. Como ilustração, basta analisar uma conversa frequentemente citada entre Wang Bi e o estudioso Pei Hui (裴徽). Pei pergunta a Wang Bi sobre a relação entre Confúcio e Lao Zi:

> PEI HUI: Dizem que *wu* é a fonte de dez mil seres, mas que o sábio não pretendia tratar dela. O que exatamente é esse *wu* proposto por Lao Zi?
>
> WANG BI: O sábio experimenta o *wu*, mas o *wu* não pode ser enunciado, e, portanto, ele não o faz. Lao Zi falou sobre o *wu*, e, por isso, o que disse não foi suficiente.

Essa conversa é muito citada para demonstrar que, para Wang Bi, Confúcio é superior a Lao Zi – esse tipo de comparação, no entanto, só serve como piada. A chave para esse diálogo está no fato de que wu não é nem "ser" nem apenas "nada". Wang Bi sugere que Confúcio experimentou e incorporou *wu* (體, normalmente usado como um nome, aqui é também empregado como um verbo, que significa experimentar e incorporar), que, no entanto, não pode ser totalmente enunciado. Confúcio opta por não falar sobre o tema, enquanto Lao Zi prefere enunciá-lo. Em *Os analectos*, há uma passagem em que Confúcio hesita sobretudo em enunciar o princípio da saúde e da natureza humana.

> O mestre disse: "Estou pensando em desistir da fala". Tzu-kung disse: "Se o senhor não falasse, o que haveria para nós, seus discípulos, transmitirmos?". O mestre disse: "O que fala o Céu? E, no entanto, quatro estações se sucedem e centenas de criaturas continuam a nascer. O que fala o Céu?". [...] Tzu-kung disse: "Pode-se ouvir sobre as realizações do Mestre, mas não se pode ouvir suas opiniões sobre a natureza humana e o Caminho para o Céu".[17]

O princípio do céu que Confúcio falha em enunciar é o *wu*[18] – mas, mesmo ao falhar, Confúcio é bem-sucedido ao ressoar com ele. Pode-se ler os escritos de Confúcio, mas nunca sua natureza e o *tao* do céu. Ironicamente, não será Confúcio, mas o repre-

17 Confúcio, *Os analectos*, trad. Caroline Chang e D. C. Lau. Porto Alegre: L&PM, 2009, p. 161, p. 236.

18 Tang Yongtong, *Writings on Weijing Xuan Xue*. Shanghai: Shanghai Classics Publishing House, 2001, pp. 31–32. Tang notou que esse caráter "inarticulável" era interpretado de modo muito diferente entre confucionistas Han, para os quais, por exemplo, Confúcio não estava disposto a falar.

sentante do *ming jiao* e divulgador do *zi ran* Lao Zi que o explicará no *Tao Te Ching*, ainda que sua articulação do *wu* não seja adequada. Não será adequada, mas será necessária. Agora, a oposição entre *wu* (a experiência que não pode ser enunciada) e *you* (a enunciação) se confirma como necessária. E, de maneira dramática, agora Lao Zi defende Confúcio, já que de certo modo afirma que a denominação e a ordem são necessárias para que o nada (*wu* 無), a origem (*ben* 本), o corpo (*ti* 体) e o *tao* (道) sejam acessíveis para todos.

É pelo estabelecimento de uma continuidade opositiva e de uma lógica recursiva entre os dois polos que esboçamos aquilo que Jullien poderia ter chamado de "meios de acesso não ontológicos e não teológicos". Jullien não o enunciou dessa forma porque seu raciocínio ainda é baseado numa ruptura opositiva. Ele acreditava que o caminho para o *tao* fosse traçado pela representação não objetiva e não formal da pintura chinesa – que estaria em oposição à insistência do pensamento ocidental na forma. No entanto, *não* há como acessar o *tao sem* o uso da forma. Pelo contrário, o que se exige é o reconhecimento dos limites da forma; arte e filosofia devem superar tais limites com o reconhecimento e a afirmação dos limites de seus meios. É por isso que no *Xi Ci*, um dos comentários sobre o *I Ching*, pode-se ler que "os caracteres escritos não são o expoente total da fala, e a fala não é a expressão total das ideias"; contudo, o objetivo não é mostrar que há algo que não pode ser esgotado, mas "esgotar a fim de não esgotar" – ou, em termos afirmativos, "expor o limite a fim de não ter limites". A finitude e a infinitude não são mais colocadas como contradição, mas como continuidade garantida por um movimento lógico.

Gostaríamos de propor que isso fosse entendido a partir dos termos de uma lógica recursiva, não inclusiva. Uma lógica inclusiva sugere que o conjunto finito A, por exemplo, está contido no conjunto infinito B. Se, no entanto, dissermos que o conjunto B está contido no conjunto A, então surge uma contradição. Uma lógica recursiva vê que conjunto A e conjunto B não se mantêm apenas graças a uma relação de inclusão ou de exclusão, mas por uma relação paradoxal (e não necessariamente contraditória). Consideremos a frase "o vazio se esvazia". Segundo uma lógica de inclusão / exclusão, ela não faz sentido algum; mas, a partir de uma lógica de recursividade, um paradoxo é produzido em paralelo com um novo espaço de especulação e de enunciação. Do mesmo modo, quanto a "esgotar a fim de não esgotar" e à escrita, talvez a formulação de uma antinomia nos seja útil:

Tese: existe uma escrita com um número limitado de símbolos plenamente capazes de expressar o mundo; antítese: o mundo não pode ser plenamente expressado pela escrita, já que, enquanto o mundo é infinito, a escrita em si é finita.

A solução desse problema está no fato de que aquilo que não pode ser expresso pode ser exposto de modo implícito pela linguagem. Durante o período Weijing, encontramos debates sobre o "esgotamento de sentidos pelo uso de enunciados limitados e sutis" e o "esgotamento de sentidos pelo uso de imagens agradáveis".[19] Limite aqui não significa o fim de alguma coisa, uma fronteira que nos impede acessar outro lugar - limite, nesse caso, se refere a uma condição de acesso, sob a qual um "aguçamento dos sentidos", nas palavras de Nietzsche, torna-se

19 Alguns autores consideram "esgotar a fim de não esgotar" uma epistemologia da filosofia Weijing. Cf. Wang Baoxuan (王葆玹), *Introduction to Xuan Theory* (玄學通論). Taipei: Wunan Book Inc., 1996, p. 196, p. 224.

possível.[20] Aguçamento dos sentidos não significa tornar nossos cinco sentidos mais precisos – em vez disso, o que se sugere é ir além deles. É também nessa acepção que Nietzsche fala sobre êxtase ou embriaguez (*Rausch*) e a fisiologia da arte. O êxtase, o estado de embriaguez, é uma forma de aguçamento dos sentidos. Já na arte não trágica, e nosso exemplo aqui é a pintura *shan-shui*, há uma outra forma de aguçar os sentidos e atualizar a sensibilidade ou a capacidade para sentimentos: aquilo em que o neoconfucionista Mou Tsung-san, ao acompanhar Kant, chama de intuição intelectual.[21]

O que um acesso não ontológico e não teológico desse tipo significa para nossa discussão sobre a possibilidade de um pensamento pós-europeu? A ideia de Jullien é esclarecedora e penetrante, mas a dualidade que, no entanto, é estabelecida ainda precisa ser analisada. Oposições estão por toda parte, já que todos os seres podem ser definidos a partir de seus opostos – belo e feio, alto e baixo etc. Contudo, essa oposição pode ser substancial e relacional. A diferença está no fato de que, uma vez considerada substancial (no sentido de substância), chegamos com facilidade a uma ruptura, que por sua vez garante uma identidade; a transubstanciação exige a intervenção divina, como a que Cristo fez com o pão e o vinho. A oposição relacional, por outro lado, permite espaço para a mudança. Jullien nos abre a questão de uma variedade de experiências da arte, e essa abertura precisa ser levada adiante. Queremos enfatizar a capa-

20 Martin Heidegger, *Nietzsche, vol. 1 The Will to Power as Art*, trad. David Farrell Krell. San Francisco: Harper, 1991, p. 209.

21 Mou Tsung-San, *Collected Work 31: Lectures on* Zhou Yi. Taipei: Linking Books, 2003, p. 137; voltaremos a Mou e à noção de intuição intelectual no capítulo "Sobre os limites da inteligência artificial".

cidade da arte de aguçar os sentidos e de educar a sensibilidade. Ao partirmos do trabalho de Jullien, esperamos analisar como a pintura *shan-shui* apresenta uma lógica e uma sensibilidade diferentes em comparação com a arte trágica. Ressaltamos que o que está em jogo não é apenas a classificação das lógicas tragista e taoista, ainda que a fragmentação seja um primeiro passo; em vez disso, e no espírito da continuidade opositiva, deveríamos nos perguntar como alguém se torna um "taoista tragista" ou um "tragista taoista".

O fim da filosofia marcado pela cibernética exige outro pensamento que seja capaz de reposicionar a arte e a tecnologia em realidades mais amplas. Esse re-posicionamento, por sua vez, exige diferentes sensibilidades diante do mundo dos humanos e dos não humanos. Devemos reconhecer que, antes de qualquer outra coisa, a arte é a ciência do sensível. Uma investigação sobre a variedade de experiências na arte deve significar um regresso à questão da estética a partir da análise de sua estrutura e de sua operação – ou seja, de sua *lógica*. Essa investigação exige estudos sobre formas diferentes de aguçamento dos sentidos e de seus modos de operação, processos essenciais à busca pelo Ser no Ocidente ou para que seja possível seguir o *tao* no Oriente. E também envolve o cultivo de uma intuição estética e filosófica, que, no entanto, é eclipsada e relegada ao esquecimento por outro tipo de aguçamento dos sentidos, como o uso da tecnologia para o aprimoramento humano.

Quanto ao aguçamento dos sentidos, há uma longa história de tecnologias de mídia para percepção sensorial – assunto que está além do que podemos aprofundar aqui. Podemos simplificá-la em duas ordens de magnitude: uma delas é microscópica, por exemplo, o uso de microscópios no século XVII e, agora, o uso de aceleradores para a observação de partículas; a outra é telescópica, como na observação da Terra a partir de satélites. Graças a aparelhos diferentes, somos capazes de reter os menores e os maiores objetos em nossa imaginação. No entanto, esse tipo de aguçamento dos sentidos se refere à melhoria da capacidade de nossos cinco sentidos, mas não ainda ao desenvolvimento de novos sentidos capazes de sustentar outras formas de conhecimento. O pensamento científico se volta para esse aprimoramento, enquanto o pensamento filosófico quer dominar o desenvolvimento de novos sentidos - mas é na arte que ambos podem se unir. A relação entre arte e tecnologia ainda não foi determinada; a exploração das variadas experiências em arte serve como um convite para pensar a tarefa da arte a partir da filosofia e de suas possibilidades - um recuo para que possamos seguir adiante.

6
SOBRE OS LIMITES DA INTELIGÊNCIA ARTIFICIAL

É claro que não existe uma teoria da "inteligência" amplamente aceita; esta é nossa análise e pode ser que ela seja polêmica.
MARVIN MINSKY, *Steps Toward Artificial Intelligence*

Acrescentemos que o corpo ampliado espera um suplemento de alma, e que a mecânica exigiria uma mística.
HENRI BERGSON, *As duas fontes da moral e da religião.*

1
O PARADOXO DA INTELIGÊNCIA

De que modo é possível falar sobre os limites da inteligência artificial, se consideramos que esta é mais suscetível a mutações do que a inteligência humana – cujos mecanismos, por sua vez, ainda estamos longe de compreender inteiramente? Ou, em outras palavras, como podemos falar sobre o limite de algo que é praticamente ilimitado? A artificialidade da inteligência consiste basicamente em matéria esquematizada. Mas esse tipo de inteligência tende a se libertar das restrições inerentes à matéria a partir de uma reação cuja finalidade é essa mesma esquematização. Henri Bergson diferencia a inteligência do instinto, já que apenas a primeira é capaz de produzir ferramentas e ferramentas capazes de produzir ferramentas – de modo que o ser humano é antes *Homo faber* do que *Homo sapiens*.[1] Berg-

1 Henri Bergson, *A evolução criadora* [1907], trad. Bento Prado Neto. São Paulo: Martins Fontes, 2005, p. 151: "Tudo somado, a inteligência, considerada no que parece ser sua manobra original, é a faculdade de fabricar objetos artificiais, em particular utensílios para fazer utensílios, e variar indefinidamente sua fabricação".

son, então, correlaciona inteligência com matéria e sugere que o desenvolvimento da primeira é fundamentalmente uma geometrização da segunda.

Essa definição de inteligência e seu desenvolvimento criam uma tensão na filosofia da vida bergsoniana. De um lado, Bergson procura superar esse geometrismo – que também pode ser considerado um mecanicismo ou uma mecanização – com o retorno a uma filosofia de vida fundada na noção de *élan* vital, tal como o fizera anteriormente com a oposição entre espaço abstrato e duração real. O *élan* vital não é algo que possa ser objetificado e reificado; ele consiste em uma força criativa que possibilita a exteriorização da inteligência na forma de ferramentas e a interiorização de ferramentas na forma de órgãos. Graças à invenção de ferramentas, a inteligência permite a complexificação do organismo por meio do acréscimo de órgãos exteriorizados. De outro lado, a inteligência que é exteriorizada por um processo de geometrização (isto é, uma forma estrita de esquematização), mesmo que ainda temporariamente confinada às propriedades físicas, também libera a si mesma da matéria, ou, de modo mais preciso, é capaz de realizar sua transferência de um material para outro – uma forma moderna de transubstanciação. Esse processo confere à inteligência artificial a capacidade de produzir mutações mais rápidas e mais amplas do que aquelas ligadas à inteligência humana – um fato também reconhecido por Bergson.[2]

Podemos encontrar aqui um paradoxo da inteligência. À medida que a inteligência se exterioriza de modo constante para que possa interiorizar seus produtos – como aquilo que Hegel chama de "astúcia da razão" –, pode acontecer, em um dado

2 Ibid., p. 150.

momento, que ocorra uma falha na reintegração da exteriorização, o que leva a inteligência a se sentir ameaçada por seus produtos e a se subordinar a eles – daí a "consciência infeliz" que hoje testemunhamos no pânico do desemprego em massa e da derrocada do elemento humano, que, por sua vez, levam ao ressurgimento de políticas reacionárias. Hoje é quase óbvio que, a longo prazo, a inteligência das máquinas substituirá todas as funções *quantificáveis* da inteligência humana e desafiará a noção de *élan* vital atribuída à vida orgânica, como já vinha acontecendo no século XX desde a cibernética.

Falar sobre os limites da inteligência artificial não significa mostrar quais são os pontos fracos da inteligência da máquina, o que ela não poderia, não pode e nunca poderá fazer. As máquinas são parte do processo evolutivo da espécie humana. São um dos aspectos da evolução que os seres humanos foram capazes de controlar, mas do qual estão gradualmente perdendo o controle. Mostrar os limites da inteligência artificial não fará com que as máquinas possam ser controladas de novo, mas é algo que libertará a inteligência das máquinas dos vieses de certas ideias de inteligência – e, desse modo, possibilitará a concepção de novas ecologias políticas e de economias políticas da inteligência das máquinas. Para que possamos fazê-lo, teremos de entender a história da inteligência das máquinas e aquilo que motiva e impede sua evolução. Um erro comum está em não entender que a realidade técnica – termo usado por Gilbert Simondon – também inscreve em si a realidade humana, e isso não só porque a tecnologia é a concretização de esquemas mentais influenciados por estruturas sociais e políticas contidas na sociedade humana, mas também porque ambas são transformadas pela realidade técnica. A sociedade humana é transformada por invenções técnicas, e essa transformação sempre vai além da intenção original dos esquemas mentais. Matéria e espírito formam uma relação recíproca – não há materialismo sem espírito, assim como não há espiritualismo sem matéria –, e qualquer falha no reconhecimento dessa reciprocidade só nos levará à autoderrota.

A evolução técnica é motivada por rupturas epistemológicas por meio das quais seus princípios operacionais passam por uma revolução. A ruptura para a qual queremos voltar nossa atenção é a mudança da inteligência das máquinas de uma inferência mecânica linear para uma operação digital recursiva. O termo "recursão" tem várias nuances, mas, por ora, vamos entendê-lo em termos de reflexividade. Essa mudança oculta o poder misterioso das máquinas – um poder que ainda estamos bem longe de apreciar e dominar. Em *Recursivity and Contingency* [Recursividade e contingência], buscamos recontar a história da evolução da inteligência das máquinas como uma transição do cartesianismo para o organicismo. A mecanização e a racionalização intrínsecas ao cartesianismo dos séculos XVII e XVIII podem ser mais bem representadas pela imagem de um relógio. Dentro deste, a causa e o efeito são encadeados pelo contato físico entre partes diferentes. Essa inteligência linear, materializada em engrenagens e roldanas, nos deu autômatos e, mais tarde, possibilitou as máquinas das fábricas da Manchester do século XIX descritas por Karl Marx. No entanto, esse paradigma epistemológico representado como a imagem de um mundo mecânico dá ênfase à pesquisa científica e à análise econômica – como no caso da física newtoniana clássica e também da análise marxista do capital, que consiste basicamente na descrição de uma operação mecânica. A ruptura epistemológica ocorrida após o mecanicismo apresenta e impõe um paradigma diferente e, com ele, uma reavaliação e uma refundação de todas as disciplinas já moldadas pelo paradigma anterior. O surgimento e a elaboração de uma nova causalidade no século XX – a que chamamos recursividade – fornecem uma base ampla para uma série de novas ideias cujo funcionamento se dá a partir de formas de raciocínio não lineares, entre as quais constam a cibernética, a teoria dos sistemas, a teoria da complexidade e a ecologia.

2
CIBERNÉTICA E INTELIGÊNCIA

Essa forma não linear de raciocínio liberta a inteligência das máquinas do confinamento à causalidade linear do cartesianismo e desafia a dualidade que dá sustentação às críticas formuladas desde o século XVIII – mais precisamente, a dualidade das diferenças irredutíveis entre mecanicismo e organicismo. Essa era a tese principal do início da cibernética, como já explicamos em "Máquina e ecologia" – em que mostramos como o fundador da cibernética, Norbert Wiener, mobilizou os avanços na física, especialmente na mecânica estatística e na mecânica quântica, e afirmou que o emprego das noções de *feedback* e informação permitia a construção de uma máquina cibernética que cruzaria as fronteiras entre o mecanismo e o vitalismo.[3]

3 É relevante analisar como a mecânica estatística foi essencial para a cibernética de Wiener, que utiliza o método estatístico para aproximar o tempo entrópico irreversível e o tempo newtoniano reversível – o que mencionamos de passagem em "Máquina e ecologia". Cf. também Suzanne Guerlac, *Thinking in Time: An Introduction to Henri Bergson*. Ithaca, NY: Cornell University Press, 2006, p. 32: "Alguns anos mais tarde (1876), Josef Loschmidt apresenta a seguinte questão a Boltz-

Wiener concluiu que o tempo bergsoniano do organismo vivo é o mesmo do autômato moderno, tornando irrelevante a controvérsia mecanicista-vitalista. Assim, Wiener afirma que uma máquina bergsoniana é possível.

Podemos dizer, de modo retrospectivo e superficial, que Wiener ecoou e concretizou a proposta feita por Bergson em *A evolução criadora*, ou seja, "fabricar uma mecânica que triunfasse do mecanismo".[4] Também podemos classificar essa ideia como um "vitalismo digital", um novo herdeiro do computacionalismo. Do mesmo modo, devemos reconhecer que de fato Wiener não entendeu Bergson muito bem, já que, em primeiro lugar, o vitalismo não é exatamente organicismo.[5] No primeiro capítulo de *As duas fontes da moral e da religião*, Bergson deixa isso bastante claro. O organicismo ainda está preso a leis inexoráveis, como no caso de uma parte condicionada por outras partes e pelo todo; o vitalismo enfatiza o livre-arbítrio, que resiste de modo constante à tendência em direção a uma socie-

mann: se a entropia é um processo irreversível (um material frio não se aquece de maneira espontânea ao longo do tempo), como é possível derivá-la de um modelo que corresponde a leis reversíveis? Boltzmann respondeu a esse desafio com um artigo publicado em 1877 em que caracterizava a entropia em termos de probabilidades matemáticas por meio de uma análise estatística. Esse é o começo daquilo que viria a se tornar o campo da mecânica estatística. Quando traduziu a lei da entropia em termos de mecânica clássica, e então adaptou o que daí resultou à análise estatística, Boltzmann embaralhou as implicações da segunda lei da termodinâmica quanto à realidade do tempo fisiológico a que Bergson chama 'duração real'".

4 H. Bergson, *A evolução criadora*, op. cit., p. 286.

5 Cf. Y. Hui, *Recursivity and Contingency*. London: Rowman and Littlefield International, 2019, capítulo 1.

dade fechada.[6] Desse modo, não podemos afirmar que Wiener tenha superado inteiramente a dualidade entre mecanicismo e vitalismo – podemos afirmar, no máximo, que Wiener descobriu uma operação técnica capaz de assimilar o comportamento dos organismos. O modelo proposto por Wiener, assim como sua realização técnica, teve impacto significativo na conceitualização e na modelagem da inteligência. Somos frequentemente lembrados dos trabalhos de Warren McCulloch e Walter Pitts – pesquisadores que participaram das Conferências Macy[7] – quando nos referimos a redes neurais artificiais. McCulloch e Pitts apresentaram o primeiro modelo de uma rede neural baseada em princípios cibernéticos. Para eles, a atividade cerebral poderia ser vista como uma operação lógica realizada por neurônios. Neurônios são operadores lógicos e de memória que atualizam seus estados individuais e o resultado geral de modo recursivo. Em resumo, a cibernética também é o nosso ponto de partida, assim como o ponto de vista sob o qual poderemos analisar nossa situação atual.

Esta interpretação da história é aparentemente diferente da narrativa clássica sobre a origem do termo "inteligência artificial", que dizem ter sido criado durante a Conferência de Dartmouth de 1956, associado a cientistas e pesquisadores

6 H. Bergson, *As duas fontes da moral e da religião* [1932], op. cit., p. 9: "As obrigações que ela impõe, e que lhe permitem subsistir, introduzem nela certa regularidade que tem simplesmente analogia com a ordem inflexível dos fenômenos da vida".

7 Um total de 160 conferências interdisciplinares realizadas na cidade de Nova York entre 1946 e 1953 com o objetivo declarado de fomentar a comunicação entre diversos ramos da ciência e reestabelecer uma unidade entre eles. Parte de seus trabalhos levou ao lançamento da base fundacional da cibernética. [N. T.]

como Marvin Minsky, John McCarthy e Claude Shannon, entre outros. Essa narrativa clássica continua com o avanço no desenvolvimento de uma inteligência artificial simbólica fraca (ou o que John Haugeland chama de "boa e velha inteligência artificial") para uma mais forte e, por fim, leva à fantasia dos dias de hoje de uma superinteligência. Esse ponto de vista nos deixa em grande medida indiferentes à ruptura epistemológica causada entre organicismo e mecanicismo que já havia sido antecipada por Immanuel Kant em *Crítica à faculdade de julgar* e que acabou concretizada na cibernética. Nesse texto seminal, Kant desenvolveu aquilo a que ele se refere como o "juízo reflexionante" com o objetivo de descrever uma operação que não segue regras preestabelecidas. Diferentemente do "juízo determinativo", que aplica o universal ao particular, o "juízo reflexionante" começa com o particular para chegar ao universal a partir da heurística do princípio regulativo – isto é, aquele que deriva suas próprias regras durante o avanço em direção a uma *finalidade*. Como no caso do fim da natureza, do belo, da autonomia, esse *télos* não é dado de antemão como fato objetivo e padrão. Não podemos oferecer um padrão para o belo, já que será imediatamente confrontado com sua negação. Quando alguém diz que as obras de Paul Cézanne são belas, a pessoa ao lado pode discordar – e é fácil chegar à conclusão de que o belo é um constructo social ou uma questão de gosto (que, por sua vez, é uma questão de classe). Contudo, o belo também não é apenas subjetivo, já que, se assim fosse, seria então contingente. A ideia mais genial de Kant é a de que o belo é *subjetivo-objetivo*, no sentido de que sua objetividade poderia ser alcançada por meio do sujeito, ainda que não de maneira demonstrável. Será apenas pelo juízo reflexionante que poderemos chegar à ideia universal e necessária do belo. É por essa razão que, no artigo "Epistémologie et cybernétique", Gilbert Simondon defende que foi apenas na *Crítica à faculdade de julgar* que Kant conseguiu lidar com a cibernética.[8] Isso porque o juízo reflexionante, cuja teleologia não precisa ser fatalista, mostra certa afinidade com a noção de *feedback*.

A forma recursiva é muito mais potente do que a mecanicista. Permite ao algoritmo a absorção eficaz da contingência para o aprimoramento da eficiência computacional. A inteligência emerge quando deixa de ser mecânica, ou seja, quando passa a ser capaz de lidar com acidentes imprevistos em suas regras. Um amplificador puramente mecânico, por exemplo, ampliará todos os sons, inclusive ruídos; um amplificador com função redutora de ruídos implementada através de um algoritmo de aprendizagem de máquina poderá distinguir entre os ruídos e os sons desejados. No uso cotidiano, diremos que este último amplificador é mais "inteligente" que o primeiro. A recursividade, a que nos referimos como uma nova epistemologia, tem como base um modo organicista de pensar, já que, em vez de depender de regras rígidas, deriva suas próprias regras a partir de fatos empíricos – ou seja, não aplica o universal ao particular.

A oposição entre mecanicismo e organicismo está presente desde a filosofia moderna e serve como base para a criação de conceitos que foram desenvolvidos como uma fuga ao mecanicismo cartesiano. Em seu recente *Métamorphoses de l'intelligence*, a filósofa Catherine Malabou admite que a oposição entre plasticidade cerebral (baseada na leitura sintética do organicismo de Hegel e da neurociência moderna) e inteligência da máquina trazida em seu trabalho anterior foi um erro: "Eu estava de fato enganada em *Que Faire de Notre Cerveau?* [O que fazer com

8 Gilbert Simondon, "Epistémologie et cybernétique", in *Sur la Philosophie 1950-1980*. Paris: PUF, 2016, p. 180.

nosso cérebro?]: a plasticidade não está, como defendi antes, em relação de oposição com a máquina; ela não é o elemento determinante que nos impede de comparar o cérebro a um computador".[9] O que Malabou diz é verdade – uma máquina digital contemporânea já não se parece com um mecanismo do século XVII, como muitos filósofos ainda hoje acreditam; em vez disso, ela é recursiva, isto é, emprega uma causalidade não linear a fim de alcançar seu *télos*, como acontece no comportamento dos organismos. No entanto, ainda acho que a afirmação de Malabou quanto a "comparar o cérebro a um computador" não se afasta o bastante do que Wiener defendia há setenta anos – e isso significa que a filosofia deve ser "mais reflexiva" do que costumava ser! "Mais reflexiva" não quer dizer apenas que ela deverá prestar mais atenção nas máquinas, mas também que deverá ter a capacidade de se reinventar a fim de reposicionar a cibernética, como Kant fez com o mecanicismo em sua terceira *Crítica*.

Quando se analisa o desenvolvimento de uma inteligência artificial fraca para uma forma mais robusta de inteligência, esse processo também é uma implicação adicional do pensamento recursivo da cibernética. Inteligências artificiais fracas, ainda que baseadas em máquinas recursivas, como no caso da máquina de Turing, ainda não são capazes de compreender a recursividade entre a cognição e o mundo. Elas ignoram o fato de que a cognição não só está inscrita no mundo, como o corporifica – de modo que a inteligência deve ser entendida como uma operação recursiva entre cognição e mundo que modifica constantemente a estrutura que resulta de suas interações. Podemos ver que a recursão é um pensamento que se desenrola

9 Catherine Malabou, *Morphing Intelligence*, trad. Carolyn Shread. Nova York: Columbia University Press, 2019, p. 113.

em *múltiplas ordens de magnitude*: em uma ordem, a máquina de Turing ou a função recursiva geral de Gödel; em outra, o engajamento estrutural entre a inteligência artificial simulada pela máquina de Turing e o mundo exterior.

A cibernética com máquinas digitais recursivas caracteriza um ponto de inflexão na história em que a inteligência das máquinas supera o estereótipo do autônomo sem alma descrito por Descartes. A causalidade circular implementada nas máquinas parece sugerir um movimento análogo ao da alma: a alma é aquilo que se volta a si mesmo a fim de se autodeterminar. Para os gregos, e especialmente para Aristóteles (mais precisamente no livro III de *Da alma*), o pensamento ou a razão (*noien*) é um processo em que o Eu da razão transcende de modo recursivo o Eu da percepção e da imaginação, de modo que os erros da imaginação e da percepção possam ser examinados e corrigidos e de forma que a inteligência não possa ser afetada. Cícero transformou a *noiesis* em *intelligentia*, do latim *inter-*, que significa "entre", e *lego*, que significa "coletar", "escolher" e, ainda, "ler" - isto é, a capacidade de entender e de reconhecer. Ao invocar os estoicos em *Sobre a natureza dos deuses*, Cícero mobiliza a *intelligentia* e a faculdade da linguagem para diferenciar os seres humanos dos animais. Como os deuses, os seres humanos são dotados de razão - já os animais, não.[10]

Usada para caracterizar a alma, essa circularidade permaneceu implícita na filosofia ocidental e só foi tematizada depois dos idealistas pós-kantianos. O idealismo alemão pode ser visto como uma tentativa de rearticular o "Eu penso" em termos tanto de suas condições de possibilidades quanto de seus modelos operacionais.

10 Jean-Louis Labarrière, "L'intelligence", in *Notions de philosophie, Tome I*. Paris: Gallimard, 1995, p. 430.

Como um antídoto ao *Eu* cartesiano linear e mecânico, um *Eu* recursivo é postulado como condição para a razão. O hegeliano e ciberneticista alemão Gotthard Günther encara a cibernética como um passo rumo à construção da consciência das máquinas e como uma evolução das máquinas em um progresso em direção à lógica reflexiva hegeliana: uma máquina clássica é uma *Reflexion in anderes* [reflexão em outro] e uma máquina Von Neumann é uma *Reflexion in sich* [Reflexão em si mesmo], mas uma "máquina cerebral" é uma *Reflexion in sich der Reflexion in sich und anderes* [Reflexão em si mesmo da reflexão em si mesmo e em outros], como "Hegel diz na Lógica maior".[11] É isso que diferencia uma máquina computacional digital do antigo mecanismo de Descartes, e é nessa formulação que vemos uma relação de muita proximidade, senão de identidade, entre filosofia e tecnologia. Se a cibernética de Wiener supera a crítica de Bergson, ou, melhor dizendo, se concretiza o que Bergson sonhou inventar em *As duas fontes da moral e da religião* – "uma mecânica que triunfasse sobre o mecanismo" –, Wiener só conseguirá reconhecer o paradoxo da inteligência em seu trabalho tardio *Some Moral and Technical Consequences of Automation* [Algumas consequências morais e técnicas da automação], publicado em 1960, três anos antes de sua morte.

Eu – raciocino
Eu – imagino
Eu – percebo

Hierarquia das atividades cognitivas, em Aristóteles, *Da alma*, III.

11 Gotthard Günther, "Seele und Maschine", in *Beiträge zur Grundlegung einer operationsfähigen Dialektik*, v. 1. Hamburg: Felix Meiner Verlag, 1976, p. 85.

3
MUNDO E INTELIGÊNCIA

Quando publicou sua série de textos sobre os limites da inteligência artificial nos anos 1970 – e mais notadamente o livro de 1972 *What Computers Cannot Do? A Critique of Artificial Reason* [O que computadores não conseguem fazer? Uma crítica da razão artificial] –, Hubert Dreyfus acusou os cientistas de inteligência artificial, especialmente Marvin Minsky, de reduzir a cognição a uma "estrutura particular, a uma estrutura de conhecimento ou a uma estrutura-modelo". Essa visão ontológica da cognição é, em sua essência, cartesiana. Ou, nas palavras de Heidegger, a inteligência cartesiana vê o objeto que está à frente dela apenas como *Vorhanden* (objeto subsistente), aquilo que está diante do sujeito e precisa ser contemplado como algo dotado de propriedades; Dreyfus, ao contrário, sugere a apreensão de uma cognição materializada que corresponde ao que Heidegger chama *Zuhanden* (ser-à-mão), no sentido de que a coisa que está à minha frente não se revela apenas como detentora de propriedades, mas seu modo de ser é condicionado pelo mundo – ou seja, uma estrutura temporal que une a cognição e o objeto do encontro, como no caso do uso de um martelo, no qual não nos detemos em sua forma ou cor, já que o mundo, que poderia ser apresentado como uma matriz de relações (*Bezugszusammenhang*) ou a totalidade de referências (*Verweisungsganzheit*), já está inserido na cognição.

> Nem mesmo uma cadeira pode ser entendida em termos de algum conjunto de fatos ou de "elementos de conhecimento". Reconhecer que um objeto é uma cadeira, por exemplo, é entender sua relação com os outros objetos e com os seres humanos. Esse pro-

cesso envolve todo um contexto de atividades humanas em que a forma dos corpos, a instituição das mobílias e a inevitabilidade do cansaço constituem apenas uma pequena parte. Ao aceitar que aquilo que nos é dado é realmente fato, Minsky apenas faz eco a um ponto de vista que vem sendo desenvolvido desde Platão e que agora se tornou tão arraigado que parece óbvio. [12]

Do ponto de vista da lógica, a crítica da "razão artificial" de Dreyfus poderia ser interpretada como uma crítica ao uso de um pensamento linear e mecanicista em detrimento de um pensamento recursivo e orgânico para a modelagem da cognição. Assim, Dreyfus chega à conclusão de que o impasse da inteligência artificial é também o impasse da metafísica ocidental; em oposição, o pensamento heideggeriano – uma tentativa de ir além da metafísica – forneceria uma alternativa, isto é, pode-se formular uma inteligência artificial heideggeriana.[13] Ainda que a comparação da inteligência artificial fraca com a história da filosofia de Platão a Leibniz às vezes se assemelhe a uma falta de refinamento, Dreyfus aponta, no entanto, que é necessário analisar os pressupostos ontológicos, epistemológicos e psicológicos da computação e questionar seus limites e sua legitimidade.

Partindo daí, teremos de reler os parágrafos 17 e 18 de *Ser e tempo* – parágrafos que serviram de inspiração à crítica que Dreyfus faz à boa e velha inteligência artificial. Quando digo "reler", quero dizer que devemos ir além daquilo que Heidegger pretendeu dizer a partir do que estava acontecendo em sua época

12 Hubert Dreyfus, *What Computers Can't Do: A Critique of Artificial Reason*. Nova York: Harper & Row, 1972, pp. 122–23.

13 Dreyfus tem como meta o conectivismo que está na base fundadora da neurodinâmica e das redes neurais.

– e não apenas porque o fez em 1927, época em que a inteligência artificial ainda não estava presente, mas também porque conceitos filosóficos devem ser repensados.[14] Nos parágrafos 17 e 18, intitulados respectivamente "Referência e sinal" e "Conjuntura e significância: a mundanidade do mundo", Heidegger estabelece a fundação ontológica para a análise das ferramentas e dos signos, ou seja, as referências (*Verweisungen*), e de como a conjuntura (*Bewandtnis*) condiciona a estrutura das referências – isto é, o encontro entre a ferramenta e o *Dasein* humano.

Desde o princípio, o mundo que Heidegger descreve é o Outro da cognição, e não pode ser a ela reduzido, já que a cognição só é possível graças ao mundo. O mundo e o conteúdo cognitivo podem ser vistos em termos da relação entre figura e fundo da *gestalt*. O mundo é constituído por uma totalidade complexa de referências, e a cognição depende delas para raciocinar. Ou, em outras palavras, a cognição é parte do mundo, uma parte do todo. Contudo – e isso também será a chave para a reinterpretação dos parágrafos 17 e 18 de *Ser e tempo* –, o mundo *já não é mais* o mundo fenomenológico que Heidegger descrevia. Cada vez mais o mundo é capturado e reconstruído por dispositivos móveis e sensores. Esse é o processo da digitização e da digitalização. Uma grande parte do mundo está encerrada em telas, ainda mais se considerarmos que nos dias de hoje é possível fazer praticamente tudo com aplicativos para telefone celular. A força das plataformas está no fato de que elas dão forma a um mundo baseado apenas em dados que podem ser acumulados, analisados e modelados. Com o aumento da quantidade de

14 Demos início à trajetória dessa releitura em *On the Existence of Digital Objects*. Minneapolis: University of Minnesota Press, 2016; cf. sobretudo os capítulos 3 e 4.

dados e com modelos matemáticos mais eficientes em desenvolvimento, as máquinas podem alcançar níveis mais altos de precisão em termos de previsibilidade.

Quando o mundo se torna, por assim dizer, um sistema técnico, o mundo que Heidegger descrevia como o solo para o firmamento da verdade – no sentido de *aletheia* – é reduzido a conjuntos de dados que podem ser analisados a partir de parâmetros lógicos e calculados de forma aritmética – *mathesis universalis*. O mundo perde o caráter incalculável; em outras palavras, deixa de ser fundacional para a epistemologia baseada na computação. É também por isso que hoje pensamos que a inteligência artificial está se tornando cada vez mais poderosa e que a questão do mundo enfatizada tanto por Heidegger quanto por Dreyfus é cada vez menos importante – porque estamos vivendo em um mundo digitalizado, um mundo do *Gestell*. O poder da inteligência artificial se baseia na redução do mundo a modelos computacionais. O que estou dizendo parece ser uma crítica típica ao reducionismo; a história, no entanto, não é tão simples. O reducionismo não é necessariamente ruim – mas ele é ruim quando é considerado como a realidade toda, como acontecia no erro do mecanicismo cartesiano.

Foi a isso que nos referimos mais cedo como o paradoxo da inteligência, uma vez que é por sua exteriorização que a inteligência perde referências em um mundo que constrói a si mesmo. Nosso entendimento do universo foi constantemente alterado ao longo da história humana, e cada grande descoberta precisava de uma reformulação do conceito de humano. Na proposta de Copérnico de uma mudança da teoria geocêntrica para a heliocêntrica, por exemplo, a humanidade deixa de ser o centro de um universo finito e passa a se confrontar com um infinito que está muito além dela mesma, como na ideia do vazio. Ao mesmo tempo, observamos o surgimento de um novo discurso sobre a subjetividade humana com o *cogito, ergo sum* cartesiano. Mais tarde, o Iluminismo trouxe visões diferentes sobre o mecanicismo. De um lado, havia os enciclopedistas que enxergavam nos mecanismos a possibilidade do progresso infinito e viam nas formas esquematizadas de conhecimento (tal como apresentadas na Enciclopédia) a busca pela democracia e pela tecnocracia. De outro, surgia também a filosofia organicista, que extraía do organismo novas formas de operação e organização – e, como consequência, rejeitava a visão mecanicista da vida e do Estado. O Estado, mecanicista por natureza, deveria ser reformulado de modo que pudesse surgir uma comunidade verdadeira, na qual o reconhecimento mútuo fosse concretizável.

A evolução da inteligência das máquinas anuncia o fim do humanismo, mas também a condição orgânica do filosofar que Kant havia preparado. Por isso, continua a ser nossa tarefa detalhar essa condição de filosofar e a direção possível para uma filosofia pós-europeia. O fim do humano não se refere tanto à hipótese de que as máquinas substituirão os seres humanos por completo, já que esse processo pode levar mais tempo do que resta à espécie humana; em vez disso, a inteligência das máquinas transformará os humanos para além do que podemos conceber na imaginação. Estamos em um fluxo de força metafísica que está no processo de transportar os seres humanos para uma destinação desconhecida. Esse também é o mistério da tecnologia moderna. A transformação do humano levará à extinção do *Homo sapiens*? Ou essa transformação nos conduzirá a uma abertura – uma abertura que não apenas rejeite o humanismo, mas que também rearticule as questões da história, da cultura e da vida?

A dualidade que Bergson estabelece entre o mecanicismo e o vitalismo – assim como outros pares dialéticos, como duração e espaço, matéria e espírito, ciência e metafísica –, que passa ao leitor a impressão errada de que o filósofo francês é um dualista, não é exatamente uma ruptura opositiva; o que mais interessa a Bergson é a relação entre duas ideias, ou, como ele escreveu, "prolongando-se duas delas até o ponto em que se cortem, chegar-se-á no entanto à própria verdade. O agrimensor mede a distância de um ponto inacessível visando-o alternadamente de dois pontos a que tem acesso. Achamos que esse método de verificação progressiva é o único que possa fazer avançar definitivamente a metafísica".[15] Daí Gilles Deleuze escrever em *Bergsonismo* que "o dualismo, portanto, é apenas um momento que deve terminar na reformação de um monismo".[16] Se "monismo" é ou não um termo apropriado, isso é outra questão, mas, para nossos propósitos aqui, chamaremos essa relação entre dois polos de relação organológica.[17] E isso porque Bergson enxerga ferramentas e instrumentos como organismos artificiais[18] e entende que uma mecanização desse tipo também constitui uma tendência da evolução dos seres humanos. Em vez de vermos a mecanização como uma ameaça, deveríamos reposicionar as máquinas na vida – como em um tipo de "misticismo":

15 H. Bergson, *As duas fontes da moral e da religião*, op. cit., p. 205.
16 Gilles Deleuze, *Bergsonismo* [1968], trad. Luiz B. L. Orlandi. São Paulo: Editora 34, 2012, p. 23.
17 No capítulo 3 de *Recursivity and Contingency*, exploramos o termo "organologia geral" na filosofia de Bergson. Em seu artigo "Machine et Organisme" [Máquina e organismo], de 1947, Georges Canguilhem atribuiu o termo à *Evolução criadora*, de Bergson, publicado em 1907.
18 H. Bergson, *As duas fontes da moral e da religião*, op. cit., p. 256.

> As origens dessa mecânica são talvez mais místicas do que se pensa; ela não encontrará sua direção verdadeira, não prestará serviços proporcionais à sua potência, a menos que a humanidade que ela curvou ainda mais à Terra chegue por ela a se aprumar e a contemplar o céu.[19]

O *élan* vital é a própria vida, e o mecanicismo precisa reconhecer suas origens e retornar à vida. Essa também é a razão pela qual Bergson sugere que "a mecânica exigiria uma mística". O mecanicismo buscava explicar a vida sem vida, enquanto Bergson procura levá-lo de volta para uma base ainda mais primordial – e, ao fazê-lo, as dualidades por ele estabelecidas são deixadas para trás. Uma volta ao *élan* vital e ao mundo não é uma repetição do que Bergson e Heidegger já disseram; é reposicionar as tecnologias em realidades mais amplas para além do mundo calculável. A forma como falamos de progresso desde o século XVIII é dominada pelo desejo de medir, calcular e dominar. No entanto, também testemunhamos catástrofes concebidas como formas de resistência da natureza ou da Terra. Essas catástrofes não resultaram de erros de cálculo, mas decorreram fundamentalmente da "ilusão transcendental" do cálculo. O termo "não racional" que evocamos em "Variedades da experiência da arte" é um convite para pensar além do *computável* e, por isso, também para entender como o não racional considerado *incalculável* é articulado na arte e poderia fornecer um método para refletir sobre *outras possibilidades* de computação.

 19 Ibid., p. 257.

4
INTELIGÊNCIA E COSMOTÉCNICA

Gostaria de voltar à primeira epígrafe deste texto, encontrada no artigo seminal de Marvin Minsky, "Steps Toward Artificial Intelligence" [Passos rumo à inteligência artificial], de 1961, em que o autor comenta sua abordagem da inteligência: "é claro que não existe uma teoria da 'inteligência' amplamente aceita; esta é nossa análise e pode ser que ela seja polêmica". Em vez de afirmar que na verdade não sabemos exatamente o que é inteligência, prefiro entender que Minsky nos convidava abertamente a *problematizar* e até mesmo a *reinventar* o conceito de inteligência. Inteligência, na medida em que se refere a coisas concretizáveis por meio de aparatos digitais, quer dizer algo computável. O que significa ser computável, entretanto? Significa *enumerável de forma recursiva*. O que é recursivamente enumerável se refere a apenas um tipo de inteligência dentre vários outros. Ou, mais precisamente, se refere a apenas uma das tendências da inteligência, na linguagem de Bergson.

Trata-se, ainda assim, de uma tendência técnica no sentido dado por André Leroi-Gourhan, já que baseada em princípios voltados à maximização de decisões racionais e à minimização de influência contingentes. Essa tendência técnica segue e é motivada por uma racionalidade geométrica que, para Bergson, também pode ser um obstáculo que a vida deve superar, pois capaz de tornar a inteligência alheia a si mesma e de promover o esquecimento de suas fundações. Hoje é necessário que contestemos a fantasia de ter uma superinteligência que será finalmente superior a todas as outras formas de inteligência e que um dia tomará o lugar do Estado. A fantasia de uma superinteligência é a expressão de uma forma extrema de computacionalismo, de acordo com a qual o mundo é calculável e poderia ser esgotado através de operações matemáticas – e se revela, também, como a forma mais elevada de neutralização e despolitização via tecnologia, como já analisado por Carl Schmitt. Nossa crítica não é apenas ética – no sentido de manter boas relações entre humanos e entre humanos e não humanos. De um lado, não sabemos se há meios de sair de uma epistemologia humanista pela imitação dos insetos (e diferentes formas de vida animal e vegetal) em modelos para a inteligência artificial. Plantas e bolores limosos podem nos permitir descobertas sobre os princípios organísmicos e, dessa forma, nos dar inspiração para o aprimoramento de algoritmos (como no caso da "computação natural", um ramo da ciência da computação). Ao utilizá-las, no entanto, subordinamos essas formas de vida à calculabilidade. De outro lado, e no que concerne à inteligência humana – e aqui acompanhamos Bergson mais uma vez na afirmação de que a força dessa inteligência vem de sua capacidade de inventar ferramentas e símbolos inorgânicos –, o ser humano é em primeiro lugar um *animal symbolicum*, no sentido dado por Ernst Cassirer, ou um ser técnico, de acordo com Bernard Stiegler. Talvez plantas e animais não sejam menos "inteligentes" que seres humanos, mas o uso que eles fazem de símbolos é bem menor que o dos seres humanos. A inteligência assim definida está ligada ao mesmo processo de evolução como hominização. Nosso mundo é um mundo simbólico – não só na forma de representações ou de esquemas mentais, mas também como operações e processos baseados nessas formas simbólicas. O que Bergson diz sobre o mecanicismo e o misticismo não é só interessante como importante, já que ele

se recusa a ver o mecanicismo como operação repetitiva e privada de vida; em vez disso, Bergson busca encontrar uma alma maior capaz de devolver vida ao mecanicismo. Esse mecanismo de retorno à vida tem sua possibilidade no mecanicismo, como no que Heidegger diz ao citar o poema "Patmos", de Hölderlin, em *A questão da técnica* de 1949: "Ora, onde mora o perigo é lá que também cresce o que salva".

Como esse "retorno" funciona? Uma possibilidade seria o vitalismo bergsoniano, mas também devemos explorar outros caminhos que acompanhem Bergson e o ultrapassem. Isso nos leva para onde paramos em "Máquina e ecologia" e "Variedades da experiência da arte" e para a retomada, a partir do exemplo da inteligência artificial, de nossa análise sobre a noção de tecnodiversidade. Queremos usar o pensamento chinês como exemplo, mas apenas para investigar a noção de inteligência e ver como *o incalculável* funciona nessa inteligência – o que é diferente do conceito de mundo de Heidegger ou do *élan* vital de Bergson. Queremos enfatizar que tratamos apenas de um exemplo, já que a China e a Europa são somente frações dessa diversidade. Em chinês, "inteligência" é muitas vezes traduzida como *zhi hui* (智慧) ou *zhi neng* (智能) – o sentido literal do primeiro termo corresponde à "sabedoria", enquanto o do segundo corresponde a "ser inteligente", "ter a capacidade de racionar" ou "tornar-se sábio". Sabemos que inteligência não significa sabedoria, já que sabedoria é algo muitas vezes atribuído a pensadores orientais – que não têm a Filosofia! Queremos perguntar o que realmente quer dizer "inteligência" no pensamento chinês.

Quando leu *Crítica da razão pura* de Kant, o filósofo novo confucionista Mou Tsung-San (1909–1995) ficou atônito e, ao mesmo tempo, sentiu-se iluminado, já que acreditava que a razão especulativa que Kant pretendia limitar era exatamente o que a filosofia chinesa busca cultivar. Em seu ambicioso livro *A intuição intelectual e a filosofia chinesa*,[20] Mou tenta mostrar que, caso sigamos as definições sistêmicas de Kant para as operações e para os limites das faculdades do espírito que fundamentaram o conhecimento científico, então provavelmente perceberemos que a intuição intelectual que é excluída da ciência tem um papel central no pensamento chinês. Em *Crítica da razão pura*, Kant delimita a razão especulativa ao distanciá-la do fanatismo (*Schwämerei*) e encerrá-la em uma terra "circundada por um vasto e tempestuoso oceano". Kant separa duas dimensões: a dos fenômenos, relativa às aparências (isto é, os objetos da experiência possível),[21] e a do número, na qual as coisas são objetos ligados apenas ao entendimento, e não à intuição sensorial.[22] A intuição sensorial não consegue adentrar o número – ou seja, não podemos demonstrar entidades numênicas, como a coisa em si, de maneira positiva. Na ética kantiana, os númenos são também os postulados da razão prática, como a liberdade, a imortalidade da alma e Deus. Uma vez que pretende ser válido segundo critérios objetivos, o conhecimento deve ter como base a cognição sensorial (os fenômenos). É óbvio que a especulação para além do fenômeno é sempre possível, já que esse ato em si está ligado à liberdade humana e que as pessoas podem sonhar; no entanto, um conhecimento desse tipo não passa de especulação, uma vez que não pode ser fundamentado e, por isso, está excluído do conhecimento científico. O número é,

20 Os livros de Mou Tsung-San não têm tradução para o português; os títulos aqui são traduções literais dos títulos originais.

21 I. Kant, *Crítica da razão pura* [1781], trad. Fernando Costa Mattos. Rio de Janeiro: Vozes, 2015, p. 249, "Na medida em que podem ser pensados como objetos segundo a unidade das categorias, os fenômenos se denominam *Phaenomena*".

22 Ibid., p. 251.

portanto, negativo, e um sentido positivo só será possível quando houver uma intuição intelectual que corresponda à sua apreensão.[23] Kant rejeitava a possibilidade de seres humanos possuírem intuição intelectual já em sua primeira *Crítica*; em vez dela, ele insistia que os seres humanos só poderiam ter intuição sensorial. A intuição sensorial é o solo em que a razão trabalha e para além do qual poderia acabar se afogando no oceano.

Segundo Mou, o elemento proeminente na síntese do confucionismo, do taoismo e do budismo – aquilo a que hoje chamamos pensamento chinês – é o cultivo de uma intuição intelectual que se insere para além do fenômeno e que o reúne ao númeno. Para Mou, a intuição intelectual não é inata. Quando nascemos, não necessariamente a possuímos, ainda que tenhamos intuição sensorial. Essa é também a diferença entre Mou Tsung-San e Schelling (e também Fichte), já que essa intuição intelectual precisa ser desenvolvida e não se caracteriza como algo que já nos é dado desde o começo e que lança as bases da sistematização do conhecimento. Assim, a intuição intelectual de Mou não é exclusivamente nem *a priori* nem *a posteriori*: ela não é exclusivamente *a priori* porque difere da intuição sensorial oferecida a toda nossa espécie; também não é exclusivamente *a posteriori* porque não se desenvolve inteiramente a partir da experiência, já que o seu exercício é o que diferencia os humanos de outros animais. As figuras ideais como o sábio no confucionismo, o *zhengren* ("a pessoa verdadeira", literalmente) no taoismo e Buda no budismo representam pessoas que cultivaram a intuição intelectual.

Mas o que exatamente é essa intuição intelectual e como podemos fazê-la funcionar a partir da leitura que Tsung-San

 23 Ibid., p. 253.

faz do pensamento chinês? Corremos o risco de simplificar o raciocínio com a seguinte afirmação: a intuição intelectual é a razão sintética que entende a relação entre o eu e outros seres (ou o cosmos) a partir da perspectiva de um sujeito moral, e não de um sujeito de conhecimento. O sujeito moral e o sujeito de conhecimento são duas tendências do desenvolvimento humano. O sujeito moral é anterior ao sujeito de conhecimento. Quando um sujeito de conhecimento olha para o mundo, ele procura compreendê-lo a partir de uma decomposição analítica; o sujeito moral, por sua vez, enxerga a intercorrelação das coisas a partir de uma razão sintética que sempre busca a unificação das ordens cósmica e moral – e esse processo também é a base fundacional do conceito de cosmotécnica.

Mas o que isso significa de fato? Em *A intuição intelectual e a filosofia chinesa*, e também em seu trabalho de maior maturidade, *O fenômeno e a coisa em si*, Mou Tsung-San tentou mostrar que a intuição intelectual é essencial ao confucionismo, ao taoismo e ao budismo. Para Mou, a intuição intelectual está associada à criação (cosmogonia, por exemplo) e à metafísica moral (em oposição à metafísica dos costumes de Kant, cuja base é a capacidade de entendimento do sujeito). Mou encontra apoio teórico nos clássicos chineses, sobretudo nos trabalhos de Chang Tsai – pensador do século XI conhecido por sua cosmogonia moral baseada em uma teoria refinada do *chi* (energia; em sentido literal, "gás"). Queremos analisar particularmente a seguinte passagem citada por Mou:

> O brilho do céu não é mais intenso do que o do sol; quando olhamos para ele, não sabemos quão longe ele está de nós. O som do céu não é mais alto do que o do trovão; quando escutamos seu barulho, não sabemos quão longe ele está de nós. A infinitude

> do céu não é maior do que a do grande vazio (*tai xu*) – e é assim que o coração (*xin*) conhece as fronteiras do céu sem que precise explorar seus limites.[24]

Mou destaca que as primeiras duas sentenças se referem à possibilidade de conhecer através da intuição sensorial e da compreensão; a última, no entanto, sugere que o coração pode conhecer coisas que não estão limitadas aos fenômenos. Para Mou, a capacidade do coração (*xin*) de "conhecer a fronteira do céu" é precisamente a intuição intelectual: algo que não se refere a um tipo de conhecimento determinado pelas intuições sensoriais e pela compreensão, mas uma iluminação completa que surge do *cheng ming* do *xin* moral universal, onipresente e infinito.[25] Nessa iluminação total, os seres aparecem como coisas em si, e não como objetos de conhecimento. *Cheng ming* ("sinceridade e inteligência", em sentido literal) é algo que vem da Doutrina do Meio de Zisi, um clássico do confucionismo.[26] De acordo com a Doutrina do Meio, "a compreensão do *cheng ming* alcança o *liangzhi* (a cons-

24 Mou Tsung-San, *A intuição intelectual e a filosofia chinesa* [智的直覺與中國哲學]. Taipei: Taiwan Commercial Press, 2006, p. 184. Adoto a tradução de *tai xu* como "grande vazio" de Sebastian Billioud. Cf. Sebastian Billioud, *Thinking through Confucian Modernity: A Study of Mou Zongsan's Moral Metaphysics*. Leiden: Brill, 2011, p. 78.

25 M. Tsung-San, *A intuição intelectual e a filosofia chinesa*, op. cit., p. 186.

26 Como se lê no texto da Doutrina do Meio, "a sinceridade é o caminho do céu. A obtenção da sinceridade é o caminho dos homens [...]. Quando nossa inteligência deriva da sinceridade, essa condição se atribui à natureza; quando nossa sinceridade deriva da inteligência, essa condição é atribuída à instrução. Mas, dada a sinceridade, teremos a inteligência; deve haver sinceridade", trad. J. Legge, 1893 [tradução adaptada].

ciência moral) do céu, e é totalmente diferente da compreensão que se extrai da escuta e da observação".[27] Desse modo, a compreensão a partir da intuição intelectual é algo que caracteriza a filosofia chinesa e sua metafísica moral.

Podemos mencionar outra passagem de *Xi Ci*, um dos comentários mais importantes do *I Ching* (ou *O livro das mutações*), que também é citada por Mou. Lemos no *Xi Ci*: "*I* (易) é não pensante e não realiza; é silente e sem movimentos. Quando colocado em funcionamento, no entanto, sente e conecta todo o universo". O *I* carrega três significados: nenhuma mudança (不易), mudança (變易) e simplicidade (簡易). Ao comentar a passagem seguinte do *Xi Ci*, em que se discute o uso de cascos de tartaruga e de milefólios em práticas divinatórias, Mou Tsung-San afirma:

> Ainda que o casco de tartaruga ou os milefólios não sejam providos de pensamento, podemos conhecer o mundo inteiro ao trabalhá-los e ao apresentar nossas questões a eles, desde que haja ressonâncias [...]. Desse modo, o sentir que se volta ao conhecimento do mundo é como a sensação de todo o cosmos. *A ideia de sentir todo o cosmos é expressa de maneira mais sólida no confucionismo pré-Quin – de fato, é a isso que Kant chamava intuição intelectual.*[28]

Uma abordagem filosófica mais profunda seria necessária nesse ponto,[29] mas o que Mou intui é que há uma forma de conhe-

27 M. Tsung-San, *Intellectual Intuition and Chinese Philosophy*, in *The Collected Works of Mou Zongsan*, v. 20. Taipei: Linking Books, 2003, p. 188.

28 M. Tsung-San, "Lectures on Zhou Yi", in *The Collected Works of Mou Zongsan*, v. 31. Taipei: Linking Books, 2003, p. 137.

29 Já exploramos esse tema em *The Question Concerning Technology in China: An Essay in Cosmotechnics* e continuaremos a abordá-lo em *Art*

cimento para além dos fenômenos – e que essa é a origem da moral. E isso porque não podemos basear a moral em análises de dados, ou, de outro modo, teríamos uma axiomatização como a que temos ouvido sobre a ética da tecnologia de hoje. Quando falamos em ética da tecnologia, contudo, já pressupomos um tipo específico de sujeito de conhecimento e de razão e admitimos certa normatividade. Em vez de axiomatizar a moral, precisaremos voltar aos modos de conhecimento diferentes que ainda não foram considerados por engenheiros e acadêmicos que trabalham com a inteligência artificial.

Se Mou Tsung-San estava certo ao dizer que a intuição intelectual, e não a razão analítica, se destaca no cerne do pensamento chinês, então vemos que há aqui uma diferença fundamental em termos de definições de inteligência. Essa diferença contribui para a tecnodiversidade do desenvolvimento tecnológico futuro. Isso não significa que estamos propondo que a inteligência das máquinas terá de desenvolver intuição intelectual, ainda que isso pudesse ser um experimento interessante – já que poderia apontar para uma "singularidade tecnológica" ou para uma "explosão da inteligência" de verdade (imaginem uma máquina que seja capaz de produzir o que ela mesma intui); em vez disso, esta breve investigação é uma tentativa de mostrar que a inteligência não é limitada pelo cálculo ou pela análise dos fenômenos; a inteligência, no que se inclui o meio / suporte técnico de que ela depende, deve ser ampliada em dois sentidos. Em primeiro lugar, precisa ser reposicionada em realidades mais amplas que excedam a pura racionalidade e que considerem o não racional; em segundo lugar, a inteligência deve ser entendida em conjunto com seu suporte simbólico,

and Cosmotechnics (no prelo).

que não pode ser excluído ou colocado em segundo plano (o que acontece com muita frequência quando se pensa que é possível "extrair" modelos de inteligência de bolores limosos ou de insetos).[30] O desafio da inteligência artificial não está na construção de uma superinteligência, mas na facilitação de uma noodiversidade. E, para que a noodiversidade seja possível, precisaremos desenvolver uma tecnodiversidade. Também é assim que a cosmotécnica se diferencia da "virada ontológica" (que enxerga a cultura sob a perspectiva de uma natureza organísmica), já que sustentamos a hipótese de que precisamos desenvolver com urgência uma tecnodiversidade como orientação para o futuro, como política de decolonização. Seria, ao mesmo tempo, uma reconstrução das histórias da cosmotécnica que foram eclipsadas pela busca por uma história universal da tecnologia (e também por uma história universal da espécie humana) e um chamado à experimentação nas artes e nas tecnologias para o futuro. Mas, para que esses experimentos sejam possíveis, precisaremos de disciplinas e instituições dedicadas ao estudo da arte, da tecnologia e da filosofia que hoje ainda não temos – e é precisamente por causa dessa ausência que, juntos, devemos ousar pensar e agir.

30 Com relação à discussão sobre Kant e a função dos símbolos (ou memória artificial) na cognição (atacada pelo próprio Kant), cf. Bernard Stiegler, *Technics and Time, 3: Cinematic Time and the Question of Malaise*. Stanford: Stanford University Press, 2010.

7

CEM ANOS DE CRISE

Mas onde se pode encontrar um exemplo de povo adoecido cuja saúde tenha sido restaurada pela filosofia? Se alguma vez ela mostrou-se útil, salvadora, protetora, o fez para os saudáveis; os doentes ela tornava sempre mais doentes.
FRIEDRICH NIETZSCHE, *A filosofia na idade trágica dos gregos*

1
O CENTENÁRIO DA "CRISE DO ESPÍRITO"

Em 1919, logo após o término da Primeira Guerra Mundial, o poeta francês Paul Valéry escreveu em "Crise de l'esprit" [A crise do espírito]: "Nós, civilizações tardias... também nós sabemos que somos mortais".[1] É em uma catástrofe desse tipo, e como *après coup*, que percebemos que não passamos de criaturas frágeis. Cem anos mais tarde, um morcego vindo da China - se de fato o coronavírus tem sua origem em morcegos - jogou o planeta inteiro em uma nova crise. Se Valéry ainda estivesse vivo, não poderia sair de sua casa na França. A crise do espírito em 1919 foi precedida por um niilismo, um nada que assombrou a Europa já antes de 1914. Como Valéry escreveu sobre a cena intelectual anterior à guerra: "Eu vejo... nada! Nada... e ainda assim um nada de potencialidade infinita". No poema "O cemitério marinho", de 1920, lemos um chamamento afirmativo *à la* Nietzsche:

1 Paul Valéry, "Crise de l'esprit", originalmente publicado em inglês, com tradução de Denise Folliot e Jackson Matthews, nas edições de 11 de abril e de 2 de maio de 1919 da revista literária londrina *The Athenaeum*. O texto em francês foi publicado naquele mesmo ano na edição de agosto da revista *La Nouvelle Revue Française*.

"Eis se ergue o vento!... Há que tentar viver".[2] Esse verso foi mais tarde adotado por Hayao Miyazaki como título de seu filme de animação, *Vidas ao vento*, sobre Jiro Horikoshi, o engenheiro que projetou os aviões de combate para o Império Japonês, mais tarde utilizados na Segunda Guerra Mundial. O niilismo retorna recursivamente na forma de um teste nietzschiano: um demônio invade sua solidão mais solitária e pergunta se você gostaria de viver na recorrência eterna do mesmo – a mesma aranha, o mesmo luar por entre as árvores e o mesmo demônio que faz a mesma pergunta. Nenhuma filosofia que não consiga conviver com esse niilismo e que não seja capaz de confrontá-lo pode oferecer respostas suficientes, já que uma filosofia desse tipo só é capaz de adoecer ainda mais uma cultura doente – ou, em nossa época, bater em retirada na forma de memes filosóficos que, feitos para o riso, circulam nas redes sociais.

O niilismo que Valéry contestava vem sendo alimentado de maneira constante pela aceleração tecnológica e pela globalização desde o século XVIII. Como Valéry escreveu já no fim de seu ensaio: "Mas pode o espírito europeu – ou pelo menos o seu conteúdo mais precioso – ser totalmente difundido? Devem fenômenos tais como a democracia, a exploração do globo e a disseminação generalizada da tecnologia, todos esses um presságio de uma *capitis deminutio* para a Europa... devem esses fenômenos ser considerados escolhas absolutas do destino?". A ameaça trazida por essa difusão – que a Europa talvez tenha tentado ratificar – não é mais algo que possa ser confrontado pela Europa sozinha, e provavelmente nunca mais será completamente superada pelo espírito "tragista" europeu. "Tragista" é algo relacionado em primeiro lugar à tra-

2 Id., "O cemitério marinho", in *O cemitério marinho*, trad. Jorge Wanderley. São Paulo: Max Limonad, 1984, p. 47.

gédia grega; também se refere à lógica do espírito que se lança à resolução das contradições que surgem de seu interior. Em "O que vem depois do fim do Iluminismo?" e em outros ensaios, tentei esboçar como, desde o Iluminismo, o declínio do monoteísmo vem dando lugar a um monotecnologismo (ou um tecnoteísmo) que culminou no transumanismo de hoje. Nós, os modernos, os herdeiros culturais do Hamlet europeu (este Hamlet que, no texto de Valéry, contempla o legado intelectual europeu enquanto conta os crânios de Leibniz, Kant, Hegel e Marx), cem anos depois, já acreditamos e continuamos a acreditar que seremos imortais, que fortaleceremos nosso sistema imunológico contra todos os vírus ou, caso o pior aconteça, que poderemos simplesmente fugir para Marte. Diante da pandemia do coronavírus, as pesquisas sobre viagem espacial parecem irrelevantes para conter o vírus e para salvar vidas. Nós, mortais que ainda habitamos este planeta chamado Terra, podemos não ter a oportunidade de ser imortais tão alardeada nos *slogans* corporativos dos transumanistas. Uma farmacologia do niilismo segundo Nietzsche ainda precisa ser escrita, mas a toxina já se infiltrou no corpo global e causou uma crise no sistema imunológico. Para Jacques Derrida (cuja viúva, Marguerite Derrida, morreu recentemente de coronavírus), o ataque às Torres Gêmeas de 11 de setembro de 2001 marcou a manifestação de uma crise autoimune que dissolveu a estrutura de poder tecnopolítica que estava estabilizada havia décadas: um Boeing 767 foi usado como arma contra o país que o inventou, como uma célula que sofreu uma mutação ou que contém um vírus em seu interior.[3] O termo "autoimune" é apenas uma metáfora biológica

3 Sobre o caráter autoimune do 11 de Setembro, cf. Giovanna Borradori, *Filosofia em tempo de terror – Diálogos com Habermas e Derrida*, trad. Roberto Muggiati. Rio de Janeiro: Zahar, 2004.

quando usado no contexto político: a globalização é a criação de um sistema de mundo cuja estabilidade depende da hegemonia tecnocientífica e econômica. Como consequência, o 11 de Setembro passou a ser visto como uma ruptura que pôs fim à configuração política idealizada pelo Ocidente cristão desde o Iluminismo e deu vazão a uma resposta imunológica que se manifestou como um estado de exceção permanente – guerras atrás de guerras.

Agora, o coronavírus faz essa metáfora desmoronar: o biológico e o político se tornam um só. Tentativas de conter o vírus não envolvem apenas desinfetantes e remédios, mas também mobilizações de tropas e *lockdowns* de países, fronteiras, voos internacionais e trens.

A edição de 31 de janeiro do jornal alemão *Der Spiegel*, intitulada "Coronavírus, Made in China: Quando a globalização se torna um perigo mortal", tinha como ilustração a foto de um homem chinês que, vestido dos pés à cabeça com equipamentos de proteção, olha fixamente para um iPhone com os olhos semicerrados, quase como se rezasse.[4] O surto do coronavírus não foi um ataque terrorista – até agora, não há evidências claras sobre sua origem para além do fato de que sua primeira aparição aconteceu na China –, mas um evento organológico em que um vírus se insere em redes avançadas de transporte que viajam a até 900 km/h. É também um evento que parece nos levar de volta ao discurso do Estado-nação e de uma geopolítica definida por nações. Por "de volta", quero dizer, em primeiro lugar, que o coronavírus devolveu sentido às fronteiras, que aparentemente haviam sido borradas pelo capitalismo global e pela mobilidade crescente promovida pelas trocas culturais e pelo comércio internacional.

4 "Wenn die Globalisierung zur tödlichen Gefahr wird", *Der Spiegel*, 31 jan. 2020.

O surto mundial anuncia que até agora a globalização só havia cultivado uma cultura monotecnológica capaz apenas de levar a uma resposta autoimune e a um grande retrocesso. Em segundo lugar, o surto e a volta aos Estados-nação revelam os limites históricos e atuais do próprio conceito de Estado-nação. Estados-nação modernos tentaram esconder esses limites sob guerras de informação imanentes - da construção de infosferas que ultrapassam fronteiras. Contudo, longe de produzir uma resposta imunológica global, essas infosferas usam a aparente contingência do espaço global para travar uma guerra biológica. Uma imunologia global que possamos usar para confrontar esse estágio da globalização ainda não está disponível - e talvez nunca venha a estar, caso se mantenha essa cultura monotecnológica.

2
UM SCHMITT EUROPEU ENXERGA MILHÕES DE FANTASMAS

Durante a crise dos refugiados de 2016 na Europa, o filósofo Peter Sloterdijk criticou a chanceler alemã Angela Merkel em uma entrevista dada para a revista *Cicero*, ao dizer que "ainda não aprendemos a glorificar as fronteiras [...]. Mais cedo ou mais tarde, os europeus vão desenvolver uma política comum e eficiente de fronteiras. A longo prazo, o imperativo territorial prevalece. Afinal de contas, ninguém está moralmente obrigado a se autodestruir".[5] Mesmo que Sloterdijk esteja errado ao afirmar que a Alemanha e a Europa deveriam ter fechado suas fronteiras aos refugiados, talvez seja possível dizer, em retrospecto, que

5 Peter Sloterdijk, "Es gibt keine moralische Pflicht zur Selbstzerstörung", in *Cicero Magazin für politische Kultur*, 28 jan. 2016.

ele estava certo quando disse que a questão das fronteiras ainda não havia sido bem planejada. Roberto Esposito foi bem claro ao declarar que a lógica binária (polar) ainda está presente no que se refere à função das fronteiras: um lado insiste em controles mais rígidos como defesa imunológica contra um inimigo externo – uma compreensão clássica e intuitiva da imunologia como oposição entre o Eu e o Outro –, enquanto o outro propõe a abolição das fronteiras a fim de permitir a livre movimentação e as possibilidades de associação de indivíduos e mercadorias. Esposito sugere que nenhum desses dois extremos – e isso é de certa forma evidente nos dias de hoje – é indesejável em termos éticos e práticos.[6] O surto do coronavírus na China – iniciado em meados de novembro de 2019, com a emissão de um alerta oficial em janeiro e seguido do *lockdown* de Wuhan em 23 de janeiro – levou ao fechamento imediato das fronteiras internacionais aos chineses e mesmo a pessoas que, por parecerem asiáticas de modo geral, eram identificadas como transportadoras do vírus. A Itália foi um dos primeiros países a impor uma proibição de viajar à China; já no fim de janeiro, o Conservatório de Santa Cecília, em Roma, suspendeu a frequência de estudantes "orientais" nas aulas – mesmo aqueles que nunca haviam estado na China. Esses atos – que podemos chamar de imunológicos – são conduzidos pelo medo, mas, mais fundamentalmente, pela ignorância.

Em Hong Kong – bem ao lado de Shenzhen, na província de Guangdong, um dos principais focos da doença fora da província de Hubei –, vozes poderosas se ergueram para exigir que o governo fechasse as fronteiras com a China. O governo se recusou, citando a orientação dada pela Organização Mundial

6 Cf. Roberto Esposito, *Immunitas: The Protection and Negation of Life*, trad. Zakiya Hanafi. Cambridge: Polity, 2011.

da Saúde quanto a evitar a imposição de restrições de viagens e de comércio com a China. Como uma das duas regiões administrativas especiais do país, Hong Kong não deveria poder se opor à China nem agravar o recente fardo de um crescimento econômico decepcionante. Ainda assim, alguns restaurantes de Hong Kong afixaram avisos nas portas nos quais diziam que clientes falantes de mandarim não eram bem-vindos. O mandarim é associado ao povo da China continental que traz o vírus e, assim, é considerado um sinal de alerta. Um restaurante que sob condições normais estaria aberto para qualquer um pode agora se dar ao luxo de aceitar apenas certo tipo de pessoa.

Toda forma de racismo é, em essência, imunológica. O racismo é um antígeno social, já que se distingue com clareza entre o Eu e o Outro e reage contra qualquer instabilidade que seja introduzida por esse Outro. Nem todos os atos imunológicos podem ser considerados formas de racismo, no entanto. Se não confrontarmos a ambiguidade entre os atos puramente imunológicos e o racismo, faremos com que tudo ao nosso redor desmorone em uma noite em que todos os gatos são pardos. No caso da pandemia global, uma reação imunológica é particularmente inevitável quando a contaminação é facilitada por voos intercontinentais e pelo transporte ferroviário. Antes do fechamento de Wuhan, 5 milhões de habitantes conseguiram escapar, levando consigo, de maneira involuntária, o vírus. Na verdade, ser ou não rotulado como alguém vindo de Wuhan é irrelevante, já que qualquer pessoa pode ser considerada suspeita, uma vez que o vírus pode ficar latente por vários dias em um corpo assintomático – e tudo isso enquanto contamina seu entorno. Há momentos imunológicos inescapáveis quando a xenofobia e os microfascismos se tornam comuns nas ruas e nos restaurantes: todos olham quando você tosse sem querer. Mais do que nunca, as pessoas exigem uma imunosfera – aquilo que Peter Sloterdijk sugeriu – como forma de proteção e de organização social.

Parece que atos imunológicos, que não devem ser reduzidos a simples atos de racismo, justificam um retorno às fronteiras – individuais, sociais e nacionais. Na imunologia, tanto biológica quanto política, depois de décadas de debates acerca do paradigma Eu-Outro e do paradigma organísmico, os Estados modernos voltam-se mais uma vez para o controle das fronteiras como forma mais simples e intuitiva de defesa, mesmo que o inimigo não possa ser visto a olho nu.[7] Na verdade, estamos lutando apenas contra a manifestação corpórea do inimigo. Aqui, estamos todos vinculados ao que Carl Schmitt chama de político, definido por uma distinção entre amigo e inimigo – uma definição que dificilmente pode ser refutada, e provavelmente é até fortalecida durante uma pandemia. Quando o inimigo é invisível, ele precisa ser encarnado e identificado: primeiro os chineses, os asiáticos e, então, os europeus, os americanos; ou, dentro da China, os habitantes de Wuhan. A xenofobia alimenta o nacionalismo, seja como o Eu que considera a xenofobia um ato imunológico inevitável, seja como o Outro que mobiliza a xenofobia a fim de fortalecer seu nacionalismo como medida imunológica.

A Liga das Nações, fundada em 1919 após a Primeira Guerra Mundial e, mais tarde, sucedida pelas Nações Unidas, foi criada como estratégia para evitar guerras por meio da reunião de todas as nações em uma organização comum. Talvez Carl Schmitt tenha sido certeiro em sua afirmação de que a Liga das Nações considerou de maneira errônea a humanidade como a base comum da política mundial – quando, na ver-

7 Alfred I. Tauber, *Immunity: The Evolution of an Idea*. Oxford: Oxford University Press, 2017.

dade, a humanidade não é um conceito político. Pelo contrário, é um conceito de despolitização, já que a identificação de uma humanidade abstrata e que não existe "procura se apropriar de um conceito universal perante seu adversário bélico, a fim de se identificar com esse conceito (às custas do adversário), da mesma forma como se abusa dos conceitos de paz, justiça, progresso, civilização, com o objetivo de vindicá-los para si e destruir o inimigo desses conceitos".[8] Como já sabemos, a Liga das Nações era um grupo de representantes de países diferentes que não foram capazes de impedir uma das maiores catástrofes do século XX – a Segunda Guerra Mundial – e, por isso, foi substituída pelas Nações Unidas. Não seria esse mesmo raciocínio aplicável à Organização Mundial da Saúde, uma organização global que deveria transcender fronteiras nacionais e oferecer alertas, conselhos e governança quanto a questões ligadas à saúde global? Considerando como a OMS não teve praticamente nenhuma influência na prevenção do contágio do coronavírus – se é que não teve influência negativa: seu diretor-geral chegou a se recusar a classificar a situação como pandêmica até que os fatos estivessem evidentes para todos –, o que faz com que ela seja de todo necessária? Naturalmente, o trabalho dos profissionais que atuam na e com a organização merece enorme respeito, mas, ainda assim, o caso do coronavírus expôs uma crise na função política da organização como um todo. Pior ainda, só nos resta criticar o fracasso desse corpo governamental gigantesco e gastador de dinheiro em nossas redes sociais – mas são palavras ao vento: ninguém pode mudar coisa alguma, já que os processos democráticos são reservados para as nações.

8 Carl Schmitt, *O conceito do político / Teoria do Partisan* [1932], trad. Geraldo de Carvalho, Belo Horizonte: Del Rey, 2009, pp. 58–59.

3

O MAU INFINITO DO MONOTECNOLOGISMO

Se acompanharmos Schmitt, a OMS se caracteriza sobretudo como um instrumento de despolitização, já que sua função de alerta quanto ao coronavírus poderia ser realizada com mais eficiência por qualquer agência de notícias. Na verdade, alguns países que demoraram demais para agir estavam apenas seguindo as recomendações iniciais da OMS. Como Schmitt escreve, um órgão governamental de representação internacional "não suprime a possibilidade de guerras, assim como também não suprime os Estados. Ele introduz novas possibilidades de guerras, permite guerras, fomenta guerras de coalizão e afasta uma série de impedimentos à guerra ao legitimar e sancionar determinadas guerras".[9] E não seria a manipulação desses órgãos de governança global que vem sendo exercida pelas potências mundiais e pelo capital transnacional desde o fim da Segunda Guerra Mundial apenas uma continuação dessa lógica? Não teria esse vírus – perfeitamente controlável de início – mergulhado o mundo inteiro em um estado de guerra? Em vez de executar suas funções declaradas, essas organizações contribuíram para uma doença global na qual a competição econômica e a expansão militar monotecnológicas são o único objetivo – e que faz com que os seres humanos sejam afastados de suas localidades que, ancoradas na Terra, são substituídas por identidades fictícias moldadas por Estados-nação modernos e por guerras de informação.

O conceito de estado de exceção ou de estado de emergência tinha como objetivo, em sua origem, permitir que o ente soberano imunizasse a comunidade de nações – mas, desde o 11 de Setem-

9 Ibid., p. 61.

bro, sua utilização tem sido a regra na política. A normalização do estado de emergência não é apenas uma manifestação do poder absoluto do soberano, mas também representa o esforço e o fracasso do Estado-nação moderno em confrontar a situação global expandindo e estabilizando suas fronteiras a partir de todos os meios tecnológicos e econômicos disponíveis. O controle de fronteiras só será um ato imunologicamente eficiente se compreendermos a geopolítica em termos de entes soberanos definidos por fronteiras. Depois da Guerra Fria, a competição crescente resultou em uma cultura monotecnológica que deixou de equilibrar progresso econômico e tecnológico, mas passou a assimilá-lo enquanto se movia rumo a uma linha de chegada apocalíptica. A competição baseada na monotecnologia está devastando os recursos da Terra em prol da competição e do lucro e impedindo que qualquer dos participantes tome rotas ou caminhos alternativos – a "tecnodiversidade" de que tanto falei nos capítulos anteriores.

Tecnodiversidade não significa apenas que países diferentes produzam o mesmo tipo de tecnologia (monotecnologia) sob marcas diferentes e com atributos ligeiramente diferentes. Na verdade, ela se refere a uma multiplicidade de *cosmotécnicas* que difiram uma das outras em seus valores, epistemologias e formas de existência. A configuração atual de competição, na qual meios econômicos e tecnológicos são usados para subjugar a política, é frequentemente atribuída ao neoliberalismo, enquanto seu parente próximo, o transumanismo, considera a política apenas como uma epistemologia humana que logo será superada pela aceleração tecnológica. Chegamos a um impasse da modernidade: ninguém pode se retirar facilmente dessa competição sem medo de ser ultrapassado por seus concorrentes. É como a metáfora do homem moderno descrita por Nietzsche: um grupo abandona seu vilarejo a fim de embarcar em uma jornada marítima rumo ao infinito, mas, ao se ver no meio do oceano, percebe que o infinito não pode ser um ponto de chegada.[10] E nada pode ser mais aterrorizante do que o infinito quando já não há mais caminho de volta. Assim como todas as catástrofes, talvez o coronavírus nos force a nos questionar para onde estamos indo. Mesmo que saibamos que estamos caminhamos rumo ao vácuo, ainda assim temos sido movidos por um impulso tragista de "tentar viver". Em meio à competição intensificada, o interesse dos Estados deixa de estar alinhado com o crescimento pessoal de seus sujeitos e se volta ao crescimento econômico – qualquer preocupação com a população depende da contribuição que ela pode trazer para o crescimento econômico. Isso fica bastante óbvio se observarmos como a China tentou primeiro silenciar as notícias que tratavam do coronavírus – e, então, quando Xi Jinping alertou para o fato de que medidas de combate ao vírus prejudicavam a economia, o número de novos casos despencou para zero de maneira dramática. Trata-se da mesma "lógica" econômica impiedosa que fez outros países pagarem para ver, já que medidas preventivas como as restrições de voos (não recomendadas pela OMS), as triagens em aeroportos e o adiamento das Olimpíadas causavam impactos no turismo.

A mídia e muitos filósofos trazem uma contraposição um tanto ingênua entre a "abordagem autoritária" asiática e a *suposta* abordagem liberal/libertária/democrática dos países ocidentais. O modo autoritário chinês (ou asiático) – muitas vezes confundido com uma manifestação do confucionismo, ainda que ele não seja de modo algum uma filosofia autoritária ou coercitiva – tem se mostrado eficaz no manejo das populações com o uso de tec-

10 Cf. Friedrich Nietzsche, *A gaia ciência* [1882], trad. Paulo César de Souza. São Paulo: Companhia das Letras, 2001.

nologias de vigilância de consumidores já disseminadas (reconhecimento facial, análise de dados telefônicos etc.) como forma de identificar o contágio pelo vírus. Ainda se debatia o uso de dados pessoais na Europa quando os surtos começaram. Mas se realmente tivermos de escolher entre a "governança autoritária asiática" e a "governança liberal/libertária ocidental", a governança asiática parece mais aceitável para o enfrentamento das próximas catástrofes, já que o modo libertário de lidar com a pandemia é, em essência, uma forma de eugenia por meio da qual se abre caminho para que a autosseleção elimine rapidamente a população mais idosa. Em todo caso, todas essas oposições essencialistas são enganosas, já que ignoram as solidariedades e a espontaneidade entre comunidades e as diversas obrigações morais que as pessoas têm perante os mais velhos e à família; ainda assim, elas dão corpo ao tipo de ignorância necessária para que pessoas frívolas possam se gabar de sua superioridade.

Mas para onde mais poderia a nossa civilização se mover? A proporção dessa pergunta quase sobrecarrega nossa imaginação e faz com que esperemos, como último recurso, a volta a uma "vida normal" – seja lá o que isso signifique. Ao longo do século XX, pensadores de todo o mundo procuraram outras opções e configurações geopolíticas que fossem além do conceito schmittiano de político – como Derrida fez em *Políticas da amizade*, em que respondeu a Schmitt com a desconstrução do conceito de amizade. A desconstrução inaugura uma diferença ontológica entre amizade e comunidade a fim de sugerir outra política para além da dicotomia amigo-inimigo que esteve na base da teoria política do século XX – mais especificamente, a política da hospitalidade. A hospitalidade "incondicional" e "incalculável", a que podemos chamar amizade, pode ser entendida na geopolítica como forma de enfraquecimento da soberania – como quando o filósofo japonês da desconstrução Kōjin Karatani afirma que a paz perpétua sonhada por Kant somente seria possível quando a soberania pudesse ser oferecida como uma dádiva (no sentido de uma economia da dádiva maussiana que se seguiria ao império capitalista global).[11] Contudo, tal possibilidade está condicionada à abolição da soberania ou, em outras palavras, à abolição dos Estados-nação. Para que isso aconteça, de acordo com Karatani, provavelmente precisaríamos de uma Terceira Guerra Mundial seguida da criação de um órgão internacional de governo dotado de mais poderes do que as Nações Unidas. Na verdade, a política de refugiados de Angela Merkel e o "um país, dois sistemas" brilhantemente concebido por Deng Xiaoping são caminhos que levam a esse resultado sem a necessidade de guerras. E o conceito de Deng Xiaoping tem potencial para se tornar um sistema ainda mais sofisticado e interessante do que o sistema federativo. Apesar disso, a política de Merkel tem sido alvo de ataques ferozes, e a ideia de Xiaoping está sendo progressivamente destruída por nacionalistas de visão estreita e por schmittianos dogmáticos. Caso nenhum país esteja disposto a tomar a dianteira, uma Terceira Guerra Mundial será a opção mais rápida.

Antes que esse dia chegue, e antes que uma catástrofe ainda mais séria nos aproxime um pouco mais da extinção (cuja vinda já podemos pressentir), talvez ainda precisemos perguntar com o que um sistema imune "organísmico" global poderia parecer para além da simples coexistência com o coronavírus.[12] Que tipo de coimu-

11 Cf. Kōjin Karatani, *The Structure of World History: From Modes of Production to Modes of Exchange*, trad. Michael K. Bourdaghs. Durham: Duke University Press, 2014.

12 Também devemos nos perguntar com cautela se a metáfora biológica é realmente apropriada, apesar de sua ampla aceitação. Foi o que questionei em *Recursivity and Contingency* ao analisar a história do organicismo, sua posição na história da epistemologia e a relação com a tec-

nização ou coimunidade (o neologismo proposto por Sloterdijk) é possível se quisermos que a globalização continue, e que seja de forma menos contraditória? A estratégia de coimunização de Sloterdijk é interessante, mas politicamente ambivalente – talvez porque não seja elaborada de modo suficiente em seus trabalhos mais importantes –, com oscilações entre a política de fronteiras do partido de extrema direita Alternative für Deutschland [Alternativa para a Alemanha] (AfD) e a imunidade contaminada de Roberto Esposito. O problema, no entanto, é que, se continuarmos seguindo a lógica dos Estados-nação, nunca alcançaremos a coimunização. Não só porque o Estado não é uma célula ou um organismo (não importa quão atraente e pragmática essa metáfora possa parecer para os teóricos), mas sobretudo porque seu conceito em si mesmo só admite uma imunidade fundada nas noções de amigo e inimigo, sendo irrelevante se sua forma é externalizada como organizações ou conselhos internacionais. Ainda que o Estado moderno seja composto da soma de todos os seus sujeitos, como no Leviatã, seus interesses se limitam ao crescimento econômico e à expansão militar – pelo menos até a chegada de uma crise humanitária. Assombrados por uma crise econômica iminente, os Estados-nação se tornam a fonte (mais do que o alvo) da manipulação das *fake news*.

Voltemos agora às questões das fronteiras e da natureza da guerra que atualmente estamos lutando – e que António Guterres, secretário-geral da ONU, considera o maior desafio enfrentado pela organização desde a Segunda Guerra Mundial. A guerra contra o vírus é, antes de tudo, uma guerra de infor-

nologia moderna por meio de uma investigação de sua validade como metáfora da política – especialmente no que se refere à política ambiental.

mação. O inimigo é invisível; só pode ser localizado por meio de informações sobre comunidades e sobre a mobilidade de indivíduos. A eficácia dessa guerra depende da habilidade de coletar e analisar informações e de mobilizar os recursos disponíveis da maneira mais eficiente possível. Países que adotam práticas agressivas de censura *on-line* conseguem barrar o vírus como bloqueariam uma palavra-chave "sensível" que circula nas mídias sociais. O uso do termo "informação" em contextos políticos tem sido muitas vezes equivalente a propaganda, ainda que devêssemos evitar enxergar esse fenômeno como uma questão apenas de mídias de massa e de jornalismo ou mesmo de liberdade de expressão. As guerras informacionais são o campo de batalha do século XXI. Não se trata de um tipo específico de guerra, mas da guerra em seu caráter permanente.

Nas aulas reunidas na obra *Em defesa da sociedade*, Michel Foucault inverteu o aforismo "a guerra é a política continuada por outros meios", de Carl von Clausewitz, para "a política é a guerra continuada por outros meios".[13] Ainda que a inversão proponha que a guerra perdeu a forma que Clausewitz tinha em mente, Foucault não chega a desenvolver um discurso sobre as guerras de informação. Mais de vinte anos atrás, um livro intitulado *Guerras sem limite* (oficialmente traduzido como *Guerras sem restrições* ou *Guerra além dos limites*) foi publicado na China por dois antigos coronéis da Força Aérea. O livro logo foi traduzido para o francês, e dizem ter influenciado o coletivo Tiqqun e, mais tarde, o Comitê Invisível. Os dois ex-coronéis – que conhecem bem Clausewitz, mas não leram Foucault – chegam à conclusão de que a guerra tradicional desapareceria aos poucos e

13 M. Foucault, *Em defesa da sociedade* [1976], trad. Maria Ermantina de Almeida Prado Galvão. São Paulo: WMF Martins Fontes, 2010, p. 16.

seria substituída por uma guerra mundial permanente que seria em grande parte introduzida e possibilitada pela tecnologia da informação. Esse livro poderia ser lido como uma análise da estratégica de guerra global dos Estados Unidos, mas também, e mais importante, como uma análise profunda de como as guerras de informação redefinem a política e a geopolítica.

A guerra contra o coronavírus é ao mesmo tempo uma guerra de informações inverídicas e desinformação – o que caracteriza a política da pós-verdade. O vírus pode ser um evento contingente que disparou a crise atual, mas a guerra em si mesma está longe de sê-lo. As guerras de informação também abrem outras duas possibilidades (em alguma medida farmacológicas): primeiro, a guerra que deixa de ter o Estado como sua unidade de medida, já que o Estado é constantemente desterritorializado por armas invisíveis e fronteiras pouco claras; e, em segundo lugar, a guerra civil, que assume a forma de infosferas em competição. A guerra contra o coronavírus é uma guerra contra os portadores do vírus, conduzida com o uso de *fake news*, rumores, censura, estatísticas forjadas, informações falsas etc. Em paralelo ao uso que os Estados Unidos fazem da tecnologia do Vale do Silício para expandir a infosfera e atingir a maior parte da população da Terra, a China também construiu uma das maiores e mais sofisticadas infosferas do mundo, com o uso de *firewalls* bem equipados, formados tanto por máquinas como por pessoas e que permitiram o controle do vírus em uma população de 1,5 bilhão de habitantes. Essa infosfera está em expansão graças à infraestrutura da Iniciativa do Cinturão e Rota e às redes já estabelecidas na África – o que levou à reação dos Estados Unidos, que bloquearam a expansão da infosfera da Huawei em nome da segurança nacional e da propriedade intelectual. É claro que as guerras de informações não são travadas apenas entre entes soberanos. Dentro da China, facções diferentes competem umas com as outras em mídias oficiais, tradicionais e independentes. Tanto as mídias tradicionais quanto as independentes fazem checagem de fatos nas afirmações trazidas pelas autoridades estatais sobre o surto e forçam o governo a corrigir seus erros e a distribuir mais equipamentos médicos para hospitais em Wuhan, por exemplo. O coronavírus explicita o caráter permanente das guerras de informação por meio da necessidade que o Estado-nação tem de defender suas fronteiras físicas enquanto se expande tecnológica e economicamente a fim de estabelecer novas fronteiras. As infosferas são construídas por seres humanos e, apesar de terem se expandido bastante nas últimas décadas, permanecem indefinidas em seu devir. Uma vez que a imaginação da coimunização – como possível comunismo ou ajuda mútua entre nações – só pode se manifestar como uma *solidariedade abstrata*, ela se mostra frágil ao cinismo, assim como no caso da "humanidade". As décadas passadas testemunharam o sucesso de alguns discursos filosóficos que, ao nutrir uma solidariedade abstrata, acabaram dando origem a comunidades sectárias cuja imunidade é determinada pela concordância ou discordância. A solidariedade abstrata é atraente justamente porque abstrata: em oposição ao concreto, o abstrato não está ancorado e não tem localidade; pode ser transportado para qualquer lugar e habitar qualquer parte. Mas a solidariedade abstrata é um produto da globalização, uma metanarrativa (ou mesmo metafísica) de algo que há muito tempo já se deparou com o próprio fim.

A verdadeira coimunização não é solidariedade abstrata, mas parte de uma solidariedade concreta cuja coimunização deveria servir de base para a próxima onda de globalização (se houver uma). Desde o começo desta pandemia, vimos incontáveis atos de solidariedade verdadeira, nos quais era muito importante saber quem faria suas compras no mercado caso você não pudesse sair de casa, quem poderia lhe dar uma máscara caso você precisasse ir ao hospital, quem ofereceria respiradores para salvar vidas, e assim por diante. Também houve solidariedade entre comunidades médicas que compartilharam informações sobre o desenvolvimento de vacinas. Gilbert Simondon diferencia entre abstrato e concreto a partir de objetos técnicos: os objetos técnicos abstratos são móveis e desmontáveis, como aqueles adotados pelos enciclopedistas do século XVIII e que (até hoje) inspiram otimismo quanto à possibilidade do progresso; objetos técnicos concretos são aqueles que estão ligados (talvez literalmente) aos mundos humano e natural e que agem como mediadores entre os dois. Uma máquina cibernética é mais concreta do que um relógio mecânico, que por sua vez é mais concreto do que uma ferramenta mais simples. Seria então possível conceber uma solidariedade concreta que contorne o impasse de uma imunologia baseada nos Estados-nação e na solidariedade abstrata? Talvez precisemos ampliar o conceito de infosfera de duas maneiras. Em primeiro lugar, a construção de infosferas poderia ser entendida como uma tentativa de construção de tecnodiversidades, de desmonte da cultura monotecnológica a partir de dentro e de escape de seu "mau infinito". Essa diversificação de tecnologias também traz implícita uma diversificação de modos de vida, de formas de coexistência, de economias, e assim por diante, já que a tecnologia, sendo cosmotécnica, engloba diferentes relações com não humanos e com o cosmos em geral.[14] Essa tecnodiversificação não implica a imposição de uma estrutura ética sobre a tecnologia, já que isso sempre aconteceria tarde demais e muitas vezes seria implementada

14 Desenvolvo essa diversificação de tecnologias como "múltiplas cosmotécnicas" em *The Question Concerning Technology in China: An Essay in Cosmotechnics.*

só para ser desrespeitada. Sem que mudemos nossas tecnologias e nossas atitudes, só preservaremos a biodiversidade de forma excepcional e sem garantia de sua sustentabilidade. Em outras palavras, sem a tecnodiversidade, não seremos capazes de manter a biodiversidade. O coronavírus não é a vingança da natureza, mas o resultado de uma cultura monotecnológica em que a tecnologia em si mesma perde suas origens e passa a querer dar origem a todo o resto. O monotecnologismo em que vivemos agora ignora a necessidade de coexistência e continua a ver a Terra apenas como *composição* (*Gestell*). Com a competição perversa que sustenta, esse monotecnologismo somente poderá levar à produção de mais catástrofes; segundo seu ponto de vista, depois do esgotamento e da devastação da espaçonave Terra, só nos restará embarcar para o mesmo esgotamento e devastação da espaçonave Marte.

Em segundo lugar, a infosfera pode ser considerada uma solidariedade concreta que se estende para além das fronteiras, como uma imunologia que deixa de ter seu ponto de partida no Estado-nação e nas organizações internacionais que na prática são fantoches dos poderes globais. Para que uma solidariedade concreta desse tipo possa surgir, precisamos de uma tecnodiversidade que desenvolva alternativas tecnológicas, como novas redes sociais, ferramentas colaborativas e infraestruturas de instituições digitais capazes de formar a base para a colaboração global. As mídias digitais já têm uma longa história social, ainda que poucas formas adquiriram escala global para além daquela do Vale do Silício (e, na China, o WeChat). Isso se deve em grande parte a uma herança filosófica – com suas oposições entre cultura e tecnologia – que fracassa em ver a pluralidade de tecnologias como algo realizável. A tecnofilia e a tecnofobia se tornam sintomas da cultura monotecnológica.

Ao longo das últimas décadas, ficamos familiarizados com o desenvolvimento da cultura *hacker*, do *software* livre e das comunidades de código aberto, mas, ainda assim, o foco tem sido dado ao desenvolvimento de alternativas às tecnologias hegemônicas, e não à construção de alternativas para os modos de acesso, de colaboração e, mais importante, de epistemologia. Nesse contexto, o coronavírus acelerará o processo de digitalização e de subsunção à economia de dados, já que essas têm sido as ferramentas disponíveis mais eficazes no combate ao contágio, como já vimos na recente guinada a favor do uso de dados móveis para o rastreio de surtos em países que, de outra forma, exultariam a privacidade. Talvez seja o caso de pararmos e nos perguntarmos se a aceleração desse processo de digitalização pode ser vista como uma oportunidade, um *kairós* subjacente à atual crise global. Os apelos por uma resposta global colocaram o mundo inteiro em um mesmo barco, e a meta de voltar à "vida normal" não é uma resposta adequada. O surto do coronavírus marca a primeira vez em mais de vinte anos em que aulas *on-line* foram oferecidas por todos os departamentos universitários. Muitos motivos justificam a resistência à educação à distância, mas a maior parte deles é de pouca relevância ou, algumas vezes, até mesmo irracional (alguns institutos dedicados às culturas digitais ainda consideram a presença física importante para a administração de recursos humanos). A educação à distância não substituirá a presença física, mas certamente ampliará de modo radical o acesso ao conhecimento – e também nos traz de volta à questão da educação em uma época em que muitas universidades estão perdendo financiamento. A suspensão da vida normal permitirá a mudança desses hábitos? Poderemos tomar os próximos meses (e talvez anos), por exemplo, nos quais a maior parte das universidades do mundo dará aulas virtuais, como uma oportunidade para criar instituições digitais sérias e em escala sem precedentes? Uma imunologia global exige reconfigurações radicais desse tipo. A epígrafe deste capítulo vem do inacabado *A filosofia na idade trágica dos gregos*, escrito por Nietzsche por volta de 1873. Em vez de aludir à própria exclusão da disciplina de filosofia, Nietzsche identificou a origem de reformas culturais em filósofos na Grécia antiga que queriam reconciliar ciência e mito, racionalidade e paixão. Já não estamos na era trágica, mas em uma época de catástrofes da qual nem o pensamento tragista nem o pensamento taoista podem oferecer sozinhos uma rota de fuga. Diante da doença da cultura global, temos uma necessidade urgente por reformas guiadas por novos pensamentos e novas estruturas que permitam que nos libertemos daquilo que foi imposto e ignorado pela filosofia. O coronavírus destruirá muitas instituições que já estavam ameaçadas pelas tecnologias digitais. Também precisaremos de cada vez mais vigilância e de outras medidas imunológicas contra o vírus, assim como contra o terrorismo e outras ameaças à segurança nacional. Este também é um momento em que precisamos de solidariedades concretas, digitais, mais fortes. Uma solidariedade digital não é um apelo ao uso intenso do Facebook, do Twitter ou do WeChat, mas um alerta ao abandono da competição perversa da cultura monotecnológica, à produção de tecnologias e de suas formas correspondentes de vida e de habitação no planeta e no cosmos. Talvez não precisemos de nenhuma metafísica da pandemia em nosso mundo pós-metafísico. Talvez também não precisemos de uma ontologia orientada para o vírus. Do que talvez realmente precisemos seja de uma solidariedade concreta que permita o surgimento da diferença e da divergência antes que caia a noite.

Gostaria de agradecer a Brian Kuan Wood e Pieter Lemmens pelos comentários e sugestões editoriais feitos sobre o esboço deste ensaio.

FONTES DOS TEXTOS

Este livro é uma edição inédita, que reúne textos publicados por Yuk Hui desde 2017. O autor escreveu um prefácio especialmente para o público brasileiro em setembro de 2020.

1 "Cosmotécnica como cosmopolítica", do original "Cosmotechnics as Cosmopolitics", publicado em *e-flux Journal*, n. 86, nov. 2017.

2 "Sobre a consciência infeliz dos neorreacionários", do original "On the Unhappy Consciousness of Neoreactionaries", publicado em *e-flux Journal*, n. 81, abr. 2017.

3 "O que vem depois do fim do Iluminismo?", do original "What Begins After the End of the Enlightenment", publicado em *e-flux Journal*, n. 96, jan. 2019.

4 "Máquina e ecologia", publicado originalmente como "Machine and Ecology" em *Angelaki – Journal of the Theoretical Humanities*, v. 25, 2020.

5 "Variedades da experiência da arte", do original "Limit and Access", uma das três palestras proferidas ao lado de Bernard Stiegler em novembro de 2019, durante uma aula magna intitulada "What Art Can Do in the XXIst Century", na Universidade Nacional de Artes de Taipei.

6 "Sobre os limites da inteligência artificial", do original "On the Limit of Artificial Intelligence", uma das três palestras proferidas ao lado de Bernard Stiegler em novembro de 2019, durante uma aula magna intitulada "What Art Can Do in the XXIst Century", na Universidade Nacional de Artes de Taipei.

7 "Cem anos de crise", do original "One Hundred Years of Crisis", publicado em *e-flux Journal*, n. 108, abr. 2020.

ÍNDICE ONOMÁSTICO

SOBRE O AUTOR

Yuk Hui (許煜) nasceu na China. Falante de mandarim, cantonês, teochew, inglês, francês e alemão, formou-se em engenharia computacional pela Universidade de Hong Kong em 2003. Em 2007, concluiu sua dissertação de mestrado em Teoria Cultural pelo Goldsmiths College, em Londres, na Inglaterra. Em 2011, defendeu sua tese de doutorado em filosofia pela mesma instituição, com orientação do filósofo francês Bernard Stiegler. Em 2012, completou um pós-doutorado no Instituto de Pesquisa e Inovação do Centro Pompidou, em Paris, na França. Entre 2012 e 2018, deu aulas no Instituto de Filosofia e Arte da Universidade Leuphana, em Luneburgo, na Alemanha, onde também atuou como pesquisador no Instituto de Cultura e Estética Midiática. Em 2015, defendeu sua livre-docência pela mesma instituição. Em 2019, foi professor na Universidade Bauhaus, em Weimar, na Alemanha. Desde então, é professor na Universidade da Cidade de Hong Kong e professor visitante da pós-graduação em filosofia e tecnologia da Academia de Artes da China, em Hancheu. Hui fundou a Research Network for Philosophy and Technology [Rede de pesquisa em filosofia e tecnologia], uma plataforma internacional que visa facilitar pesquisas nas áreas de filosofia e tecnologia. É editor da coleção de filosofia da mídia e tecnologia da editora da Academia de Ciências Sociais de Xangai, da China. Seus ensaios já foram publicados em revistas como *Research in Phenomenology*, *Metaphilosophy*, *Theory Culture & Society*, *Angelaki*, *Parrhesia*, *Cahiers Simondon*, *Deleuze Studies*, *Derrida Today*, *Techné*, *Jahrbuch Technikphilosophie*, *Implications Philosophiques*, *Krisis*, *Intellectica*, *New Formations* e *Zeitschrift für Medienwissenschaft*.

OBRAS SELECIONADAS

On the Existence of Digital Objects. Minneapolis: University of Minnesota Press, 2016.

The Question Concerning Technology in China: An Essay in Cosmotechnics. Falmouth: Urbanomic, 2016.

Recursivity and Contingency. Lanham: Rowman & Littlefield Publishers, 2019.

Art and Cosmotechnics. Minneapolis: University of Minnesota Press / e-flux, 2020.

COLEÇÃO EXIT Como pensar as questões do século XXI? A coleção Exit é um espaço editorial que busca identificar e analisar criticamente vários temas do mundo contemporâneo. Novas ferramentas das ciências humanas, da arte e da tecnologia são convocadas para reflexões de ponta sobre fenômenos ainda pouco nomeados, com o objetivo de pensar saídas para a complexidade da vida hoje.

LEIA TAMBÉM

24/7 - capitalismo tardio e os fins do sono
Jonathan Crary

Reinvenção da intimidade - políticas do sofrimento cotidiano
Christian Dunker

Esperando Foucault, ainda
Marshall Sahlins

Big Tech - a ascensão dos dados e a morte da política
Evgeny Morozov

Depois do futuro
Franco Berardi

Diante de Gaia - oito conferências sobre a natureza no Antropoceno
Bruno Latour

Genética neoliberal - uma crítica antropológica da psicologia evolucionista
Susan McKinnon

Políticas da imagem - vigilância e resistência na dadosfera
Giselle Beiguelman

Happycracia - fabricando cidadãos felizes
Edgar Cabanas e Eva Illouz

O mundo do avesso - Verdade e política na era digital
Letícia Cesarino

Terra arrasada - além da era digital, rumo a um mundo pós-capitalista.
Jonathan Crary

Ética na inteligência artificial
Mark Coeckelbergh

Estrada para lugar nenhum
Paris Marx

Coordenação editorial FLORENCIA FERRARI
Assistentes editoriais ISABELA SANCHES e JÚLIA KNAIPP
Preparação FABIANA MEDINA
Revisão TOMOE MOROIZUMI e VALQUÍRIA DELLA POZZA
Projeto gráfico da coleção ELAINE RAMOS e FLÁVIA CASTANHEIRA
Projeto gráfico deste título LIVIA TAKEMURA
Produção gráfica MARINA AMBRASAS

EQUIPE UBU
DIREÇÃO Florencia Ferrari
DIREÇÃO DE ARTE Elaine Ramos; Julia Paccola (assistente)
COORDENAÇÃO Isabela Sanches
COORDENAÇÃO DE PRODUÇÃO Livia Campos
EDITORIAL Gabriela Ripper Naigeborin e Maria Fernanda Chaves
COMERCIAL Luciana Mazolini e Anna Fournier
COMUNICAÇÃO / CIRCUITO UBU Maria Chiaretti, Walmir Lacerda e Seham Furlan
DESIGN DE COMUNICAÇÃO Marco Christini
GESTÃO CIRCUITO UBU / SITE Cinthya Moreira, Vic Freitas e Vivian T.

2ª reimpressão, 2025.

UBU EDITORA
Largo do Arouche 161 sobreloja 2
01219 011 São Paulo SP
ubueditora.com.br
professor@ubueditora.com.br
/ubueditora

Dados Internacionais de Catalogação na Publicação (CIP)
Bibliotecário Vagner Rodolfo da Silva – CRB 8/9410

Huk, Yui
Tecnodiversidade / Yuk Hui; traduzido por Humberto do Amaral. Inclui índice. São Paulo: Ubu Editora, 2020. 224 pp. / Coleção Exit
ISBN 978 65 86497 22 9

1. Filosofia. 2. Tecnologia. 3. Descolonização. 4. China. I. Amaral, Humberto do. II. Título.

2020-2486 CDD 100 CDU 1

Índice para catálogo sistemático:
1. Filosofia 100 2. Filosofia 1

FONTES Edita e Sharp Grotesk
PAPEL Alta alvura 75 g/m²
IMPRESSÃO Margraf